同期线损管理系统

使用教程

Synchronous Line Loss
Management System Tutorial

冯凯　主编

中国电力出版社
CHINA ELECTRIC POWER PRESS

内 容 提 要

本书逐一说明同期线损管理系统各项功能、系统各项作业流程以及使用者具体的操作方式，并配合相关的界面图示，协助本系统操作人员直观、轻松地熟悉本系统的功能操作界面以及使用方式。本书共 13 章，主要从系统功能、数据维护、数据查询、线损计算、理论线损、高级应用、考核指标等多方面进行阐述。

本书主要适用于国家电网有限公司和下属各网省（直辖市）公司的一体化电量与线损管理系统的实施和维护人员，也可供相关专业及管理人员参考使用，给线损管理工作人员在工作中带来新的启发和认知。

图书在版编目（CIP）数据

同期线损管理系统使用教程 / 冯凯主编. —北京：中国电力出版社，2019.4（2020.1 重印）
ISBN 978-7-5198-0452-7

Ⅰ．①同…　Ⅱ．①冯…　Ⅲ．①线损计算–教材　Ⅳ．①TM744

中国版本图书馆 CIP 数据核字（2019）第 034248 号

出版发行：中国电力出版社
地　　址：北京市东城区北京站西街 19 号（邮政编码 100005）
网　　址：http://www.cepp.sgcc.com.cn
责任编辑：刘　炽（010-63412395）　柳　璐
责任校对：黄　蓓　常燕昆
装帧设计：张俊霞
责任印制：杨晓东

印　　刷：北京博海升彩色印刷有限公司
版　　次：2019 年 4 月第一版
印　　次：2020 年 1 月北京第二次印刷
开　　本：787 毫米×1092 毫米　16 开本
印　　张：18.75
字　　数：399 千字
印　　数：2001—3500 册
定　　价：88.00 元

《同期线损管理系统使用教程》编委会

主　编　冯　凯

副主编　董朝武　刘道新　黄文思

委　员　胡航海　江　木　王　磊

　　　　刘　虎　朱启扬　朱　江

　　　　程　芸

前言 Preface

同期线损管理系统上线之前，线损率采取供售非同期的方式进行计算，供电量是按照关口由月末 24 点表码计算得到的电量，售电量是按照营销抄表例日发行统计的用户售电量，因此每月线损率波动较大。分线、分台区线损率由调度、运检、营销专业分别在各自系统进行计算，各专业之间信息不共享且缺乏联系，给电网企业经营管理带来诸多问题。

一是难以凝聚专业合力，专业协同难以推进。二是难以监控"跑冒滴漏"等经营管理问题。现行模式下，无法充分发挥线损指标监测作用，难以敏感地反映人为调整数据等各种深层次问题。三是难以落实配电网管理及节能降损工作。线损失真不利于科学分析电网现状，不利于电网科学发展规划，难以有效诊断电网高损薄弱环节、科学指导低压配电网的规划建设。同时，也不利于有效评估节能降损措施成效，有效措施难以推广实施。四是月度线损率指标大幅波动失真，在电量、线损统计分析过程中难以剔除供售不同期影响因素，增加波动分析的难度，掩盖了导致异常波动的真实因素（如电网结构、负荷结构、运行方式、窃电或人为调整等），造成统计分析困难。

同期线损管理系统高效集成了各部门的生产管理系统、营销业务应用系统、用电信息采集系统、电能量采集系统、SCADA、GIS 等专业系统，完善系统的电量与线损数据库，实现对设备台账信息、拓扑关系数据、电量数据、电能质量信息的全面归集。且线损计算过程中，供售电量完全同步发生，线损率计算包含 400V～1000kV 各个电压等级，分层、分区域、分元件全量计算，线损率计算一改以往整月统计的模式，每天全量进行计算甚至可以实现分时段计算。为国家电网有限公司总部、省级、地市、县公司、供电所等各级单位提供关口管理、电量管理、线损管理、智能监测和降损辅助决策业务，与调度、运检、营销相关业务融合互动，实现线损全过程闭环管理。

建设同期线损管理系统，可进一步梳理贯通各级电网关口、设备、用户台账信息，推进电网数据信息集成共享，夯实基础数据，解决长期以来电网数据标准不一、来源分散、有效性差等问题，为电网规划建设奠定数据基础。同时，充分利用线损指标及实时采集的电量、电压、电流等数据，客观反映电网设备状态和运行效率，科学评估电网投资效益，高效诊断电网运行缺陷和薄弱环节，为制定电网规划、合理安排建设改造项目提供有力支撑。

本书全面、详细讲解了同期线损管理系统 12 大模块、数百个细分模块的操作及使用方法，为读者全方位展示同期线损管理系统的各项功能及应用，通过文字描述结合系统实际操作图形的方式直观展示系统各个模块的功能及操作方法。系统简介部分对系统特点及总体结构进行分析，详细说明了系统原理以及业务、数据、技术等，以便帮助读者对系统业务、数据及档案等来源形成清晰的认识。各模块使用教程部分详细、详尽地介绍了每一个细分模块的功能，并逐项进行详细讲解，以说明结合实例的形式，为读者全方位、多视角展示系统操作方法，且针对各部分应用过程中存在的重点及疑难点，以小贴士的方式进行重点说明，简明扼要。系统操作及使用过程中遇到的疑问均可在本书中得到详细明确的解答。本书集成了同期线损管理系统建设以来在实际应用过程中遇到的突出问题，并从一个使用者的角度进行了详细的讲解和说明，立足解决实际问题，不客套、不说教。

最后，感谢所有对于本书编写提供支持和帮助的各位专家，以及参与编著的各位同志。希望本书能够帮助读者了解同期线损管理系统，并有效解决系统使用过程中遇到的困难和问题，使广大的线损管理人员对系统有更深刻和更充分的认识。

编　者

目录 Contents

第 1 章

同期线损管理系统简介

1.1 功 能 特 点

一体化电量与线损管理系统（简称同期线损管理系统）的功能是充分利用各专业系统，开发公司级一体化电量与线损管理系统，以加强基础管理、支撑专业分析、满足高级应用、实现智能决策为功能主线，实现电量源头采集、线损自动生成、指标全过程监控、业务全方位贯通协同，实现电量与线损管理标准化、智能化、精益化和自动化，能够有效地支撑公司智能电网以及现代配电网建设。

通过集成各部门的生产管理系统、营销业务应用系统、用电信息采集系统、电能量采集系统、SCADA、GIS 等专业系统，完善系统的电量与线损数据库，实现对设备台账信息、拓扑关系数据、电量数据、电能质量信息的全面归集，为国家电网有限公司总部、省级、地市、县公司、供电所等各级单位提供关口管理、电量管理、线损管理、智能监测和降损辅助决策业务，与调度、运检、营销相关业务融合互动，实现线损全过程闭环管理。

1.2 总 体 结 构

1.2.1 总体架构

同期线损管理系统采用一级应用部署，充分应用公共数据资源池的建设成果，实现源头数据接入、电量与线损两级计算。同期线损管理系统总体架构见图 1-1。

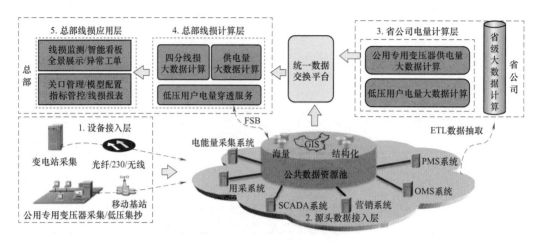

图 1-1 同期线损管理系统总体架构

1.2.2 业务架构

同期线损管理系统以公司企业级应用平台为目标，全面支撑发展专业关口管理、电量管理、线损管理和规划计划业务，与调度、运检、营销相关业务融合互动，实现线损全过程闭环管理。同期线损管理系统业务架构见图 1-2。

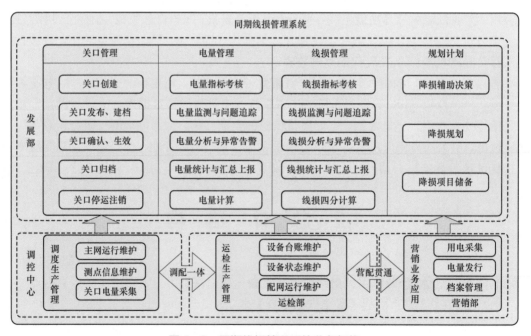

图 1-2 同期线损管理系统业务架构

1.2.3　数据架构

总部一级部署接入存储、计算服务，部署数据库服务器，存储电量计算、异常信息、轻度汇总等数据。

省级部署数据接入与存储服务，主要通过省级数据中心集成省（市）公司各业务系统的档案、拓扑关系、电量以及异常等明细类数据。

同期线损管理系统数据架构见图1-3。

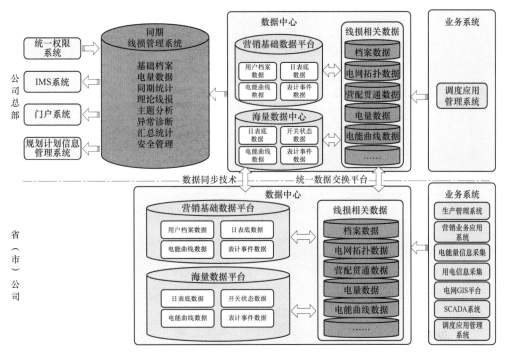

图1-3　同期线损管理系统数据架构

1.2.4　技术构架

同期线损管理系统依托国家电网有限公司大数据平台，整合软件、平台、基础设施等资源，为线损应用提供基础保障。

接入系统层：根据SG-CIM标准接入营销、用采、TMR、PMS、OMS/SCADA等系统业务数据，为线损管理提供源头数据。

大数据计算与存储层：通过大数据处理技术，提供数据处理、存储、网络和其他计算资源；采用分布式计算与存储框架、开发平台、数据库、中间件等技术标准提供大数据服务；并使用业务流程、专业协同、计算服务、基础组件等多种服务。

功能应用层：采用SG-UAP平台开发数据集成管理、档案管理、关口管理、同期线损管理、理论线损管理、统计线损管理、电量与线损计算、电量与线损监测分析、异常工单管理、指标管理、报表管理、全景展示等功能，提供给国家电网有限公司总部、省、市、县等多级单位、多部门交互应用。

同期线损管理系统技术架构见图1-4。

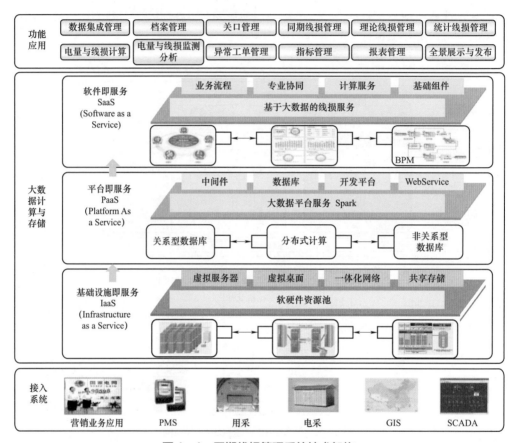

图1-4 同期线损管理系统技术架构

1.2.5 应用架构

同期线损管理系统的功能分为业务协同、高级应用、专业管理、基础管理四大类。

业务协同：实现业务贯通、考核管理等功能。

高级应用：实现降损仿真计算、电量与线损监测分析、数据治理、配网异常预警与诊断、图形展示等功能。

专业管理：实现电量计算与统计、报表管理、理论线损管理、关口管理、同期线损管理、统计线损管理、指标管理等功能。

基础管理：实现档案管理、系统任务配置管理、日志管理、数据传输及同步功能。

同期线损管理系统功能架构见图1-5。

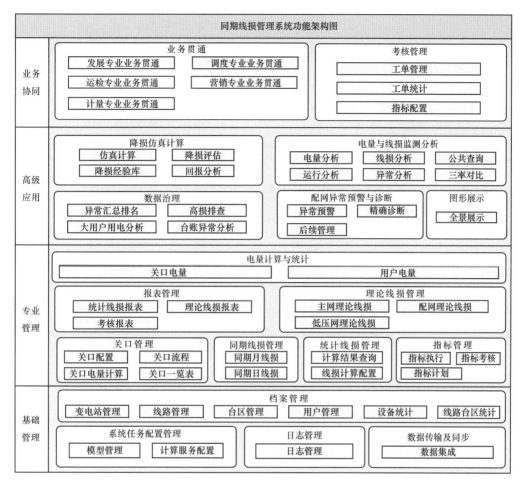

图1-5　同期线损管理系统功能架构

1.3 系 统 运 行 环 境

同期线损管理系统运行环境见表1-1。

表1-1　　　　　　　　　　同期线损管理系统运行环境

技术路线	
技术选型	软件产品
操作系统	Enterprise Redhat Linux 5.5
应用中间件	Weblogic 10
关系数据库	Oracle 11g（与规划计划信息管理系统共用数据库）

续表

技术路线	
技术选型	软件产品
非关系数据库	HBase 0.98.6 – cdh5.3.0
应用开发平台	SG – UAP2.0 开发平台
分布式框架	Hadoop2.5、Spark1.2

第 2 章

基础信息维护

2.1 功 能 介 绍

在同期线损管理系统中对组织机构、区域电压等级映射、计量点和电能表信息等系统基本信息进行维护。

注意事项：系统中所有的数据查询默认单位为目前登录账号的所属单位，查询具体管理单位数据时要先选择管理单位，然后点击【查询】按钮即可。见图2-1。

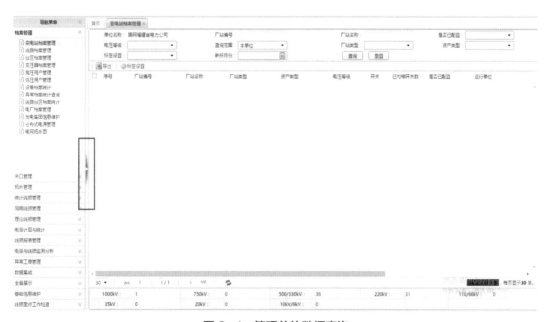

图 2-1 管理单位数据查询

> **小贴士**
>
> 点击图 2–1 中红线框中的“小三角”可以选择单位，全书同。

2.2 组织机构维护

菜单位置：基础信息维护–组织机构维护，见图 2–2。

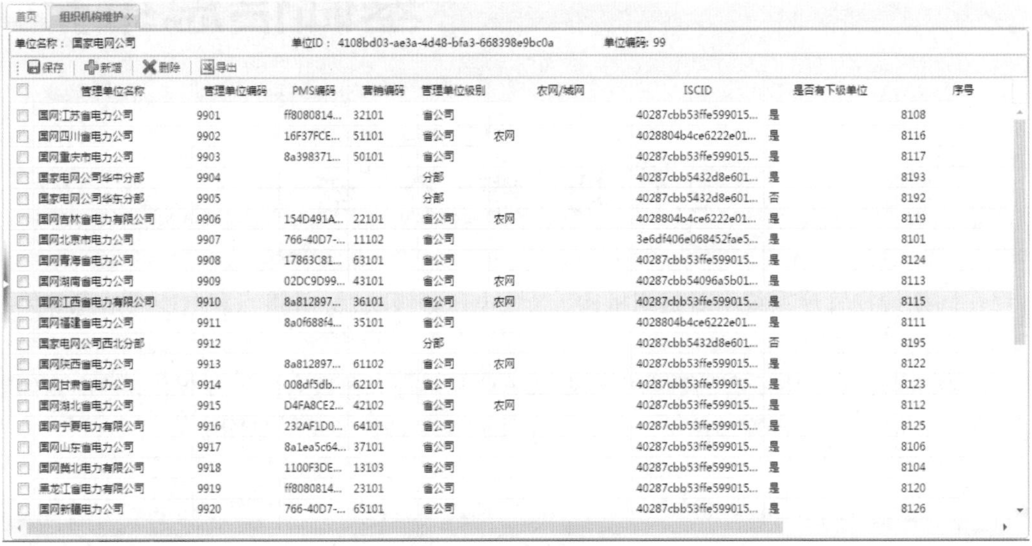

首页 组织机构维护

单位名称：国家电网公司 单位ID：4108bd03-ae3a-4d48-bfa3-668398e9bc0a 单位编码: 99

保存 新增 删除 导出

管理单位名称	管理单位编码	PMS编码	营销编码	管理单位级别	农网/城网	ISCID	是否有下级单位	序号
国网江苏省电力公司	9901	ff8080814...	32101	省公司		40287cbb53ffe599015...	是	8108
国网四川省电力公司	9902	16F37FCE...	51101	省公司	农网	4028804b4ce6222e01...	是	8116
国网重庆市电力公司	9903	8a398371...	50101	省公司		40287cbb53ffe599015...	是	8117
国家电网公司华中分部	9904			分部		40287cbb5432d8e601...	是	8193
国家电网公司华东分部	9905			分部		40287cbb5432d8e601...	否	8192
国网吉林省电力有限公司	9906	154D491A...	22101	省公司	农网	4028804b4ce6222e01...	是	8119
国网北京市电力公司	9907	766-40D7-...	11102	省公司		3e6df406e068452fae5...	是	8101
国网青海省电力公司	9908	17863C81...	63101	省公司		40287cbb53ffe599015...	是	8124
国网湖南省电力公司	9909	02DC9D99...	43101	省公司	农网	40287cbb54096a5b01...	是	8113
国网江西省电力有限公司	9910	8a812897...	36101	省公司	农网	40287cbb53ffe599015...	是	8115
国网福建省电力公司	9911	8a0f688f4...	35101	省公司		4028804b4ce6222e01...	是	8111
国家电网公司西北分部	9912			分部		40287cbb5432d8e601...	否	8195
国网陕西省电力公司	9913	8a812897...	61102	省公司	农网	40287cbb53ffe599015...	是	8122
国网甘肃省电力公司	9914	008df5db...	62101	省公司		40287cbb53ffe599015...	是	8123
国网湖北省电力公司	9915	D4FA8CE2...	42102	省公司	农网	40287cbb53ffe599015...	是	8112
国网宁夏电力有限公司	9916	232AF1D0...	64101	省公司		40287cbb53ffe599015...	是	8125
国网山东省电力公司	9917	8a1ea5c64...	37101	省公司		40287cbb53ffe599015...	是	8106
国网冀北电力有限公司	9918	1100F3DE...	13103	省公司		40287cbb53ffe599015...	是	8104
黑龙江省电力有限公司	9919	ff8080814...	23101	省公司		40287cbb53ffe599015...	是	8120
国网新疆电力公司	9920	766-40D7-...	65101	省公司		40287cbb53ffe599015...	是	8126

图 2–2 组织机构维护

2.2.1 功能操作区

实现对管理单位的新增、删除及维护相关信息等功能，可对组织机构进行编辑、新增及删除操作。

> **小贴士**
>
> 1. 省公司及下级单位账号仅有查询和导出的权限。
> 2. 总部账号有查询、新增、编辑、删除、保存、导出权限。

1. 新增

首先选择增加单位的上级单位，点击【新增】按钮，填写管理单位名称、PMS 编码、营销编码、是否有下级单位等信息，然后点击【保存】按钮即可，见图 2–3。

图 2-3 新增管理单位

1. 在组织机构维护新增管理单位默认自动生成管理单位编码，管理单位名称、PMS 编码、营销编码等信息需要人工维护，其中管理单位名称、管理单位级别、ISCID 为必填项。

2. 线损管理范围与线损重点工作检查指标考核相关，需要根据实际指标考核情况进行维护。

2. 删除

首先选择删除单位的上级单位，选择需要删除的组织机构，确认各项信息无误后，点击【删除】按钮即可。

3. 导出

点击【导出】按钮即可将当前界面展示组织机构全部导出。

2.3 区域电压等级映射配置

菜单位置：基础信息维护-区域电压等级映射配置，见图 2-4。

图2-4 区域电压等级映射配置

2.3.1 条件筛选区

该功能实现配置区域电压等级映射功能，避免用户登录后，由于没有电压等级无法配置分元件设备模型、查看数据等问题。进入界面即可对登录账号所属管理单位的电压等级映射情况进行查看、新增、删除操作。

2.3.2 功能操作区

1. 新增

在界面左侧选择需要映射生成的电压等级，点击【增加】按钮，新增到界面右侧的已选电压等级即可，见图2-5。

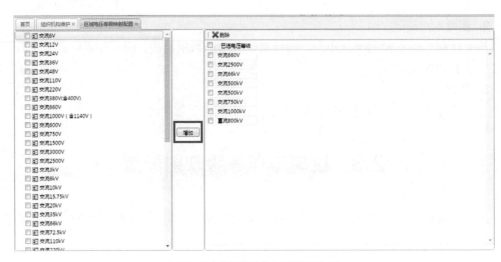

图2-5 新增区域电压等级映射

2. 删除

在界面右侧选择需要删除的电压等级，点击【删除】按钮即可，见图 2-6。

图 2-6　删除区域电压等级映射配置

2.4　线路型号库维护

菜单位置：理论线损管理-型号库管理-线路型号库维护，见图 2-7。

图 2-7　线路型号库维护

2.4.1　条件筛选区

实现维护理论线损线路型号库的功能，为线路理论线损计算提供数据支持。可根据型号名称、导线类型与电压等级，点击【查询】按钮即可查看线路型号库信息。

2.4.2　功能操作区

1. 下载批量上传模板

点击【下载批量上传模板】按钮，可将 Excel 模板信息下载到本地，在本地编辑线路型号等信息。

2. 批量上传型号信息

点击【批量上传型号信息】按钮，选择本地编辑好的 Excel 文件，即可将线路型号信息上传至系统，点击【上传】按钮即可，点击【取消】按钮可以取消本次更新，见图 2-8。

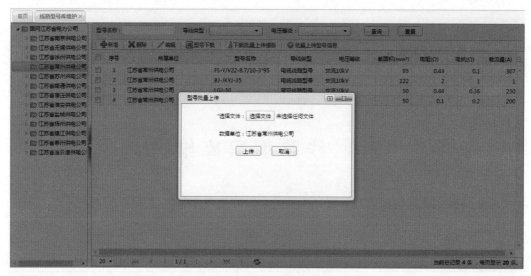

图 2-8　批量上传线路型号信息

2.5　变压器型号库维护

菜单位置：理论线损管理-型号库管理-变压器型号库维护，见图 2-9。

2.5.1　条件筛选区

实现维护理论线损变压器型号库的功能，为变压器理论线损计算提供数据支持。可根据型号名称、变压器类型与高压、中压、低压侧电压等级，点击【查询】按钮即可查看变压器型号库信息。

图 2-9　变压器型号库维护

2.5.2　功能操作区

1. 下载批量上传模板

点击【下载批量上传模板】按钮，可将 Excel 模板信息下载到本地，在本地编辑线路型号等信息。

2. 批量上传型号信息

点击【批量上传型号信息】按钮，选择本地编辑好的 Excel 文件，即可将线路型号信息上传至系统，点击【上传】按钮即可，点击【取消】按钮可以取消本次更新，见图 2-10。

图 2-10　批量上传变压器型号信息

2.6 代表日配置

菜单位置：理论线损管理－理论线损计算－代表日配置，见图2-11。

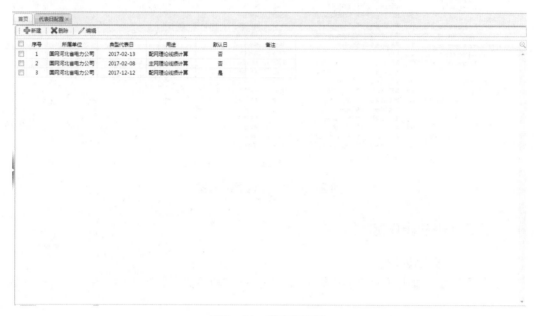

图2-11 代表日配置

2.6.1 条件筛选区

实现配置需要进行理论线损计算的日期，进入界面即可对代表日进行新建、删除和编辑等操作。

2.6.2 功能操作区

1. 新建

点击【新建】按钮，进入【新建代表日】界面，对代表日时间、用途、默认日等信息进行选择和填写，点击【保存】按钮即可，见图2-12。

2. 删除

选择需要删除的代表日信息，点击【删除】按钮即可。

3. 编辑

选择需要修改的代表日信息，点击【编辑】按钮可对本公司理论线损代表日进行配置和修改。

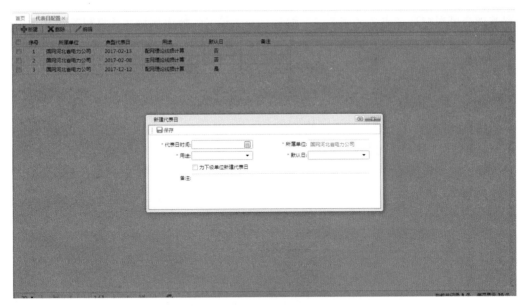

图 2-12　新建代表日

2.7　计量点抄表例日配置

菜单位置：基础信息维护 - 计量点抄表例日配置，见图 2-13。

图 2-13　计量点抄表例日配置

2.7.1　条件筛选区

实现对计量点计算和区域关口计算配置功能,为计算计量点电量和区域关口电量提供数据基础。可根据计量点（区域关口）编号、开关编号、抄表例日（计算日）等相关信息对计量点（区域关口）进行配置维护。

2.7.2　功能操作区

1. 配置

勾选具体明细，点击【配置】按钮，对计量点（区域关口）抄表例日进行配置与修改。在【计量点结算日期】界面进行分界日期、统计结算日、同期结算日、统计同期浮动天数、生效日期、失效日期、不覆盖同期电量等相关信息的配置和修改操作，点击【保存】按钮即可，见图 2-14。

图 2-14　计量点计算配置

1. 计量点计算配置界面，分界日期默认 15 日，与统计、同期浮动天数有关。

2. 统计、同期结算日默认 01 日，可人工维护为具体日期或月末。

3. 统计、同期浮动天数与统计、同期结算日有关，当统计、同期结算日选择月末时，可人工维护浮动天数，进而浮动统计、同期结算日。

4. 当数据来源为用采时，可人工维护不覆盖同期售电量，当选择"是"时，同期售电量使用营销上传同期线损管理系统的同期售电量，当选择"否"时，同期售电量使用用采上传同期线损管理系统的表底计算售电量。

2. 导出

点击【导出】按钮即可将当前界面展示计量点信息全部导出。

2.8　电能表计量点信息维护

菜单位置：基础信息维护 – 电能表计量点信息维护，见图 2 – 15。

图 2–15　电能表计量点信息维护

2.8.1　条件筛选区

实现对计量点与电能表关系的查询和删除功能，可根据计量点标识或电能表表号对计量点与电能表关系进行查询。

2.8.2　功能操作区

1. 删除

选择需要删除的具体明细，点击【删除】按钮即可对计量点与电能表关系进行删除。

仅对已经失效的计量点与电能表关系进行删除操作。如电能表置为失效，需要先删除电能表与计量点关系，然后才可以删除电能表档案。

2.9 趸售用户配置

菜单位置：基础信息维护－趸售用户配置，见图2－16。

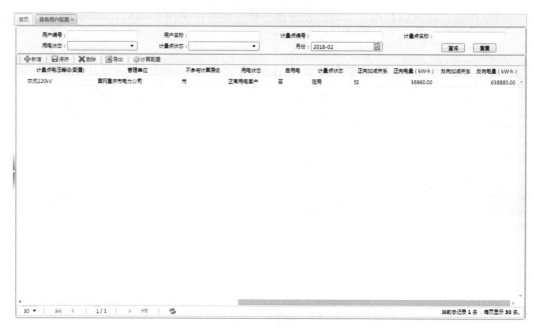

图2－16　趸售用户配置

2.9.1　条件筛选区

实现配置趸售用户的功能，包括趸售用户的新增、删除及计算配置等，选择管理单位，可根据用户编号、用户名称、计量点编号、计量点名称、用电状态等信息对趸售用户进行查询。

2.9.2　功能操作区

1. 新增

点击【新增】按钮，进入【高压用户信息】界面，填写用户编号、用户名称等信息，然后点击【查询】按钮，选择所选用户，在【趸售用户配置】界面点击【保存】按钮即可，见图2－17。

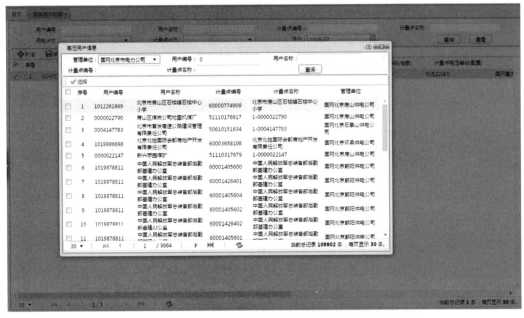

图 2-17　新增高压用户信息

2. 删除

选择需要删除的趸售用户具体明细，点击【删除】按钮即可对趸售用户进行删除。

1. 趸售用户删除操作不会对用户档案进行删除。
2. 删除趸售用户后的用户会重新参与售电量的计算。

3. 导出

点击【导出】按钮即可将当前界面展示的趸售用户全部导出。

4. 计算配置

点击【计算配置】按钮，进入【售电量正反向配置】界面，可以对进行趸售用户进行计算配置。趸售用户在计算配置时，默认是否自用电为"否"，配置为"是"，在进行电量计算的时候会自动剔除掉趸售用户的电量，见图 2-18。

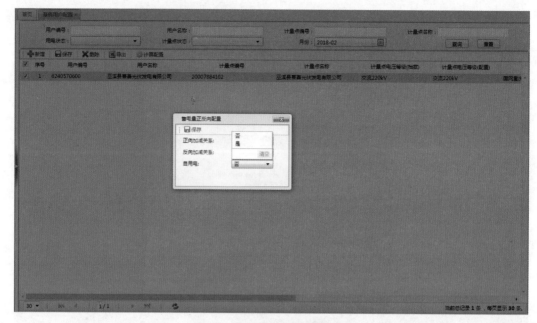

■ 同期线损管理系统使用教程

图 2-18 趸售用户计算配置

20

第 3 章

档案管理

3.1 功能介绍

档案管理主要是对从调度、运检、营销三个系统抽取到的变电站、线路、台区、高压用户、低压用户等基础档案信息数据进行分级查询、统计与关系维护管理的功能模块，为模型配置及线损计算提供所需要的供（发）电、输变电、配电、用电档案及拓扑数据，包括电厂、输电线路、变电站、配电线路、分布式电源、变压器、台区、高压用户、低压用户、电网拓扑图等相关档案信息。

3.2 电厂档案管理

菜单位置：档案管理–电厂档案管理，见图 3-1。

3.2.1 条件筛选区

可根据电厂名称、电压等级、能源类型、发电类型等条件筛选查询所属本单位电厂。

3.2.2 功能设置区

1. 编辑

选择具体电厂明细，点击【编辑】按钮即可对电厂信息进行更新修改，选择所属发电集团、电压等级、能源类型、电厂地址等信息，然后点击【保存】按钮即可，见图 3-2。

图 3-1　电厂档案管理

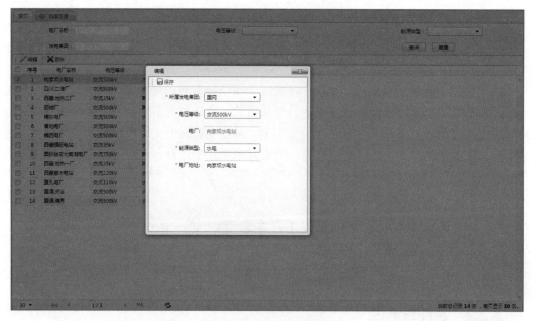

图 3-2　编辑电厂档案

2. 删除

选择一条线路档案数据，点击【删除】按钮，弹出提示信息，点击【确定】按钮即可，点击【取消】按钮可以取消操作，见图 3-3。

　　仅对已经不再使用的电厂进行删除电厂操作，否则会对线损计算和指标考核有影响。

图3-3　删除电厂档案

3.3　线 路 档 案 管 理

菜单位置：档案管理–线路档案管理，见图3–4。

图3-4　线路档案管理

3.3.1　条件筛选区

线路档案管理用于用户查询输电、配电线路的编号、名称、所属变电站及开关等信息，为配置线路模型进行线损计算提供数据基础。用户可根据线路名称、编号、所属变电站、电压等级等线路相关信息进行查询。

本书中所有涉及查找范围选择时，"本单位"指当前单位，"所有"指本单位以及本单位下所有的下级单位。

3.3.2　功能设置区

1. 导出

点击【导出】按钮即可导出查询结果。

2. 标签设置

选择一条线路，点击【标签设置】按钮进入【标签设置】界面，选择需要的标签类型、生效时间、失效时间等信息，点击【保存】按钮即可，见图3-5。

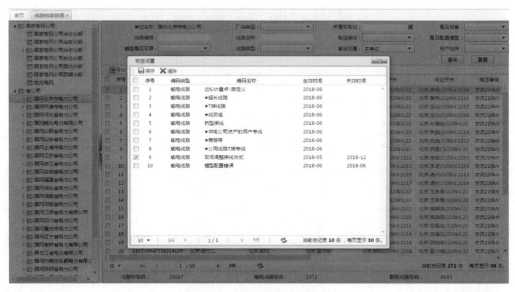

图3-5　线路档案标签设置

3. 报备申请

选择一条线路，点击【报备申请】按钮进入【报备添加】界面，选择管理单位，点击【查询】按钮可以查询已经报备的线路，点击【修改】、【删除】按钮可对已报备线路进行修改及删除操作，见图3-6。

图 3-6　线路档案报备申请

点击【新增】按钮可以新增报备线路，选择报备类型、指标类别、责任专业、指标名称、电压等级、问题分类等信息，点击【保存】按钮即可，见图 3-7。

图 3-7　新增报备线路

3.3.3　明细展示区

1. 线路详情信息

选择配电线路，点击"线路名称"下任一线路即可进入【线路详情信息】界面，可以查看配电线路下高压用户信息、台区信息、拓扑图等具体信息，见图 3-8。

首页	线路档案管理 ×	线路详细信息 ×

| 单位名称： | 国网北京城区供电公司 | 线路编号：02M70000000574941 | 线路名称：蒲北调度二 | 起始站：北京.菜市口 | 终止站： |
| 有损无损标识： | | 农网标识：属 | 台区数：0 | 高压用户数：37 | 起始开关：北京.菜市口/10kV.241开关 |

高压用户信息	台区信息	拓扑图

序号	用户编号	用户名称	用户类别	用电类别	容量	计量点编号	计量点名称	计量点级数	倍率	接线方式	计量方式	所属线路	所属
1	0012804522	北京市迪飞福利包装制品厂	高压	大工业用电	315	50910374906	2-0012804522	次级计量点	1	三相三线	高供低计	蒲北调度二	北京.菜
2	0003322648	北京市平板玻璃工业公司	高压	大工业用电	3040	50910023470	1-0003322648	次级计量点	6	三相四线	高供低计	蒲北调度二	北京.菜
3	0002846355	北京航空工艺地绝有限公司	高压	大工业用电	800	51610119199	2-0002846355	次级计量点	40	三相四线	高供低计	蒲北调度二	北京.菜
4	0000018689	北京煤集团有限责任公司北	高压	城镇居民生活用电	50	51110178647	北京京煤集团有限责任公司三行物业管理公司	次级计量点	15	三相四线	高供低计	蒲北调度二	北京.菜
5	0000018952	北京市长阳养殖中心	高压	农业生产用电	315	51110129759	1-0000018952	次级计量点	20	三相四线	高供低计	蒲北调度二	北京.菜
6	0002850343	北京北顺畅商贸有限公司	高压	农业生产用电	80	51610251393	1-0002850343	次级计量点	30	三相四线	高供低计	蒲北调度二	北京.菜
7	0003328078	北京国龙医院	高压	非居民照明	4260	50910024242	1-0003328078	次级计量点	4000	三相三线	高供高计	蒲北调度二	北京.菜
8	0001691055	北京市城市照明管理中心	高压	非居民照明	50	50310703948	1-0001691055	次级计量点	50	单相	高供低计	蒲北调度二	北京.菜
9	0013936860	北京市城市照明管理中心	高压	非居民照明	50	50510256269	1-0013936860	次级计量点	50	单相	高供低计	蒲北调度二	北京.菜
10	1030302889	国网蒲北电力有限公司	高压	非居民照明	7200	60004872798	国网蒲北电力有限公司	次级计量点	10000	三相三线	高供高计	蒲北调度二	北京.菜
11	0000802365	北京市西城区月坛绿化队	高压	非居民照明	400	50210414440	1-0000802365	次级计量点	120	三相四线	高供低计	蒲北调度二	北京.菜
12	0000802365	北京市西城区月坛绿化队	高压	非居民照明	400	50210414440	1-0000802365	次级计量点	120	三相四线	高供低计	蒲北调度二	北京.菜

图 3-8　线路详情信息

2. 变电站详情信息

选择一条线路，点击"起始站""终止站"，进入【变电站详情信息】界面，可查看线路起止变电站信息，见图 3-9。详细操作方法见 3.4。

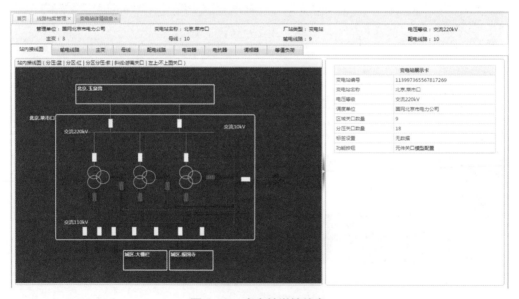

图 3-9　变电站详情信息

3. 开关详情信息

选择一条线路，点击"起始开关""终止开关"，进入【勾稽页面配置】界面，可以维护线路开关与计量点、采集测点等关系信息，见图 3-10。详细操作方法见 4.2.2 的开关档案勾稽。

图 3-10　开关详情信息

3.4　变电站档案管理

菜单位置：档案管理 - 变电站档案管理，见图 3-11。

图 3-11　变电站档案管理

3.4.1 条件筛选区

变电站档案管理用于用户根据变电站编号、名称、电压等级、厂站类型等相关条件进行筛选查询本单位以及下级单位的变电站详细信息。该功能可对线路明细信息进行导出、标签设置操作，也可查看线路所属变电站、开关及以勾稽开关的详细信息。

3.4.2 功能设置区

1. 导出

点击【导出】按钮即可导出界面展示查询结果。

2. 标签设置

选择一条线路档案数据，点击【标签设置】按钮进入【标签设置】界面，可对线路进行打标签操作，选择需要的标签类型、生效时间、失效时间等信息，点击【保存】按钮即可，见图3－12。

图3－12 变电站档案标签设置

3.4.3 明细展示区

1. 变电站详情信息

点击"厂站名称"下任一变电站即可进入【变电站详情信息】界面，可以查看变电站的母线、主变压器、开关输配电线路等站内信息以及设备拓扑关系。界面左侧"变电站展示卡"展示变电站的名称、编号等详细信息，见图3－13。点击【元件关口模型配置】按钮，可以进入【元件关口模型配置】界面，对变电站模型进行模型配置操作，具体操作方法详见 4.6。

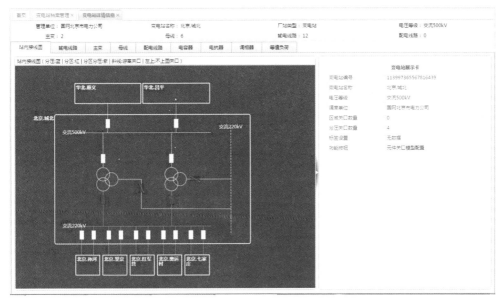

图 3-13　变电站详情信息

2. 开关详情信息

点击“开关”或者“已勾稽开关数”下任一数字即可进入【开关详情信息】界面，点击“勾稽”可以对开关进行勾稽计量点、采集测点等操作，点击“开关位置”可查看开关在主变压器的位置信息，见图 3-14。“开关”指线路关联的所有开关信息，“已勾稽开关数”指已经勾稽计量点、测点信息的开关信息。

序号	操作	开关编号	开关名称	电压等级	开关类型	计量点编号	计量点名称	采集测点编号	采集测点名称	负荷测点编号	负荷
1	勾稽 | 开关位置	114841790498003935	城区.雍和宫/10kV.201A开关小车	交流10kV	刀闸	CQ7137	【雍和宫】1#	CQ7137	【雍和宫】1#		
2	勾稽 | 开关位置	114841790498003937	城区.雍和宫/10kV.201B开关小车	交流10kV	刀闸	CQ8478	【雍和宫】2#	CQ8478	【雍和宫】2#		
3	勾稽 | 开关位置	114560315521268576	城区.雍和宫/10kV.201A开关	交流10kV	断路器	CQ7131	【雍和宫】201A	CQ7131	【雍和宫】201A		
4	勾稽 | 开关位置	114560315521268577	城区.雍和宫/10kV.201B开关	交流10kV	断路器	CQ7133	【雍和宫】201B	CQ7133	【雍和宫】201B		
5	勾稽 | 开关位置	114560315521268578	城区.雍和宫/10kV.202A开关	交流10kV	断路器	CQ7132	【雍和宫】202A	CQ7132	【雍和宫】202A		
6	勾稽 | 开关位置	114560315521268579	城区.雍和宫/10kV.202B开关	交流10kV	断路器	CQ7134	【雍和宫】202B	CQ7134	【雍和宫】202B		
7	勾稽 | 开关位置	114560315521268580	城区.雍和宫/10kV.203A开关	交流10kV	断路器	CQ7135	【雍和宫】203A	CQ7135	【雍和宫】203A		
8	勾稽 | 开关位置	114560315521268581	城区.雍和宫/10kV.203B开关	交流10kV	断路器	CQ7136	【雍和宫】203B	CQ7136	【雍和宫】203B		
9	勾稽 | 开关位置	114560315521268582	城区.雍和宫/10kV.211开关	交流10kV	断路器	CQ7160	【雍和宫】211	CQ7160	【雍和宫】211		
10	勾稽 | 开关位置	114560315521268583	城区.雍和宫/10kV.212开关	交流10kV	断路器	CQ7161	【雍和宫】212	CQ7161	【雍和宫】212		
11	勾稽 | 开关位置	114560315521268584	城区.雍和宫/10kV.213开关	交流10kV	断路器	CQ7162	【雍和宫】213	CQ7162	【雍和宫】213		
12	勾稽 | 开关位置	114560315521268585	城区.雍和宫/10kV.214开关	交流10kV	断路器	CQ7163	【雍和宫】214	CQ7163	【雍和宫】214		
13	勾稽 | 开关位置	114560315521268586	城区.雍和宫/10kV.215开关	交流10kV	断路器	CQ7164	【雍和宫】215	CQ7164	【雍和宫】215		
14	勾稽 | 开关位置	114560315521268587	城区.雍和宫/10kV.216开关	交流10kV	断路器	CQ7165	【雍和宫】216	CQ7165	【雍和宫】216		
15	勾稽 | 开关位置	114560315521268588	城区.雍和宫/10kV.217开关	交流10kV	断路器	CQ7166	【雍和宫】217	CQ7166	【雍和宫】217		

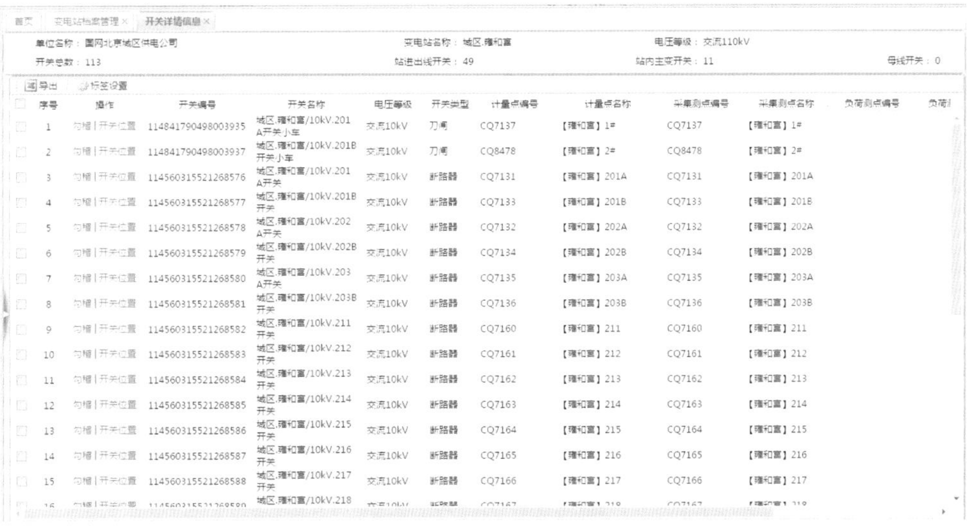

图 3-14　开关详情信息

3.5 变压器档案管理

菜单位置：档案管理－变压器档案管理，见图 3－15。

图 3－15 变压器档案管理

3.5.1 条件筛选区

变压器档案管理是针对配电线路所挂接变压器进行的管理，可选择所属线路、所属站、变压器编号、变压器名称等相关信息查询变压器信息。

3.5.2 功能操作区

1. 标签设置

选择一个变压器，点击【标签设置】按钮进入【标签设置】界面，即可对线路进行打标签操作。选择需要的标签类型、生效时间、失效时间等信息，点击【保存】按钮即可，见图 3－16。

3.5.3 明细展示区

1. 变压器拓扑图

点击"变压器名称"，进入【变压器拓扑图】界面，可以查看该变压器拓扑关系信息，见图 3 – 17。

图 3-16 变压器档案标签设置

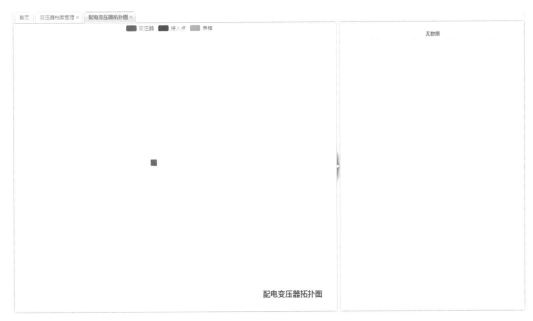

图 3-17 变压器拓扑图

2. 线路详情信息

点击变压器"所属线路",进入【线路详情信息】界面,可以查看该线路挂接的设备详细信息，见图 3–18。详细操作方法见 3.3。

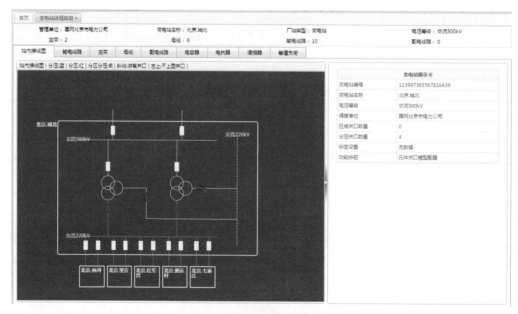

图 3–18　线路详情信息

3. 变电站详情信息

点击变压器"所属变电站"，进入【变电站详情】界面，见图 3–19。详细操作方法见 3.4。

图 3–19　变电站详情信息

3.6　台区档案管理

菜单位置：档案管理－台区档案管理，见图3－20。

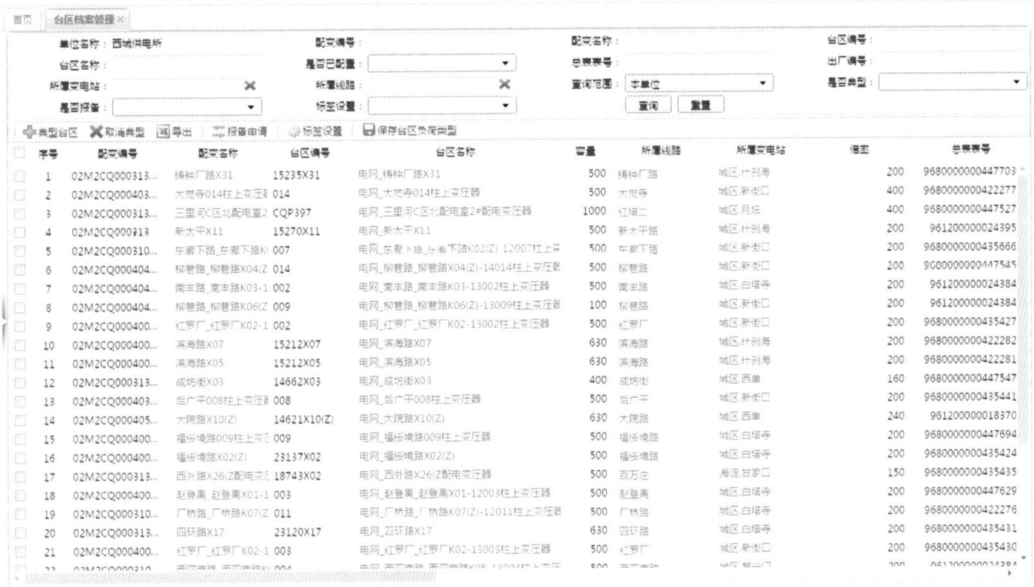

图3－20　台区档案管理

3.6.1　条件筛选区

台区档案管理是对配电线路下属台区档案进行的管理，为生成台区模型、进行台区线损计算做准备。可根据台区编号、名称，配电变压器编号、名称、所属线路、所属变电站等进行查询。

3.6.2　功能操作区

1. 标签设置

选择台区数据，点击【标签设置】按钮进入【标签设置】界面，选择需要的"标签类型""生效时间""失效时间"等信息，点击【保存】按钮即可，见图3－21。

2. 设置取消典型台区

选择台区数据，点击【典型台区】按钮，可设置台区为典型台区（计算时使用），点击【取消典型】按钮可以取消典型台区。

3. 保存台区符合类型

在负荷类型中，选择台区负荷类型，点击【保存台区负荷类型】按钮，可以设置台区的负荷类型，见图 3 – 22。

图 3–21　台区档案标签设置

图 3–22　保存台区负荷类型

4. 报备申请

选择台区，点击【报备申请】按钮进入【报备添加】界面。选择"管理单位"点击【查询】按钮可以查询已经报备的线路，点击【修改】、【删除】按钮，可对已报备线路进行修改及删除操作，见图 3–23。

图 3-23　台区档案报备申请

点击【新增】按钮可以新增报备线路，选择报备类型、指标类别、责任专业、指标名称、电压等级、问题分类等信息，点击【保存】按钮即可，见图3-24。

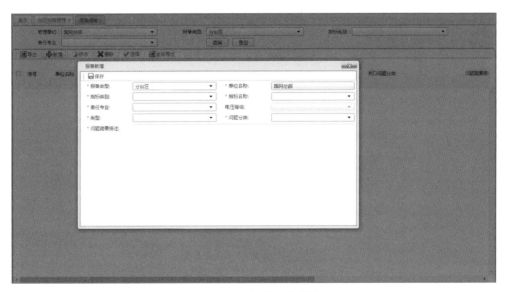

图 3-24　新增报备线路

3.6.3　明细展示区

1. 台区详情信息

选择台区，点击"台区名称"进入【台区详细信息】界面，可以查看台区详细信息，见图 3 – 25。

图 3 – 25　台区详细信息

操作说明：界面左侧展示台区的详细信息，右侧展示台区下面的低压用户信息，点击"用户编号"进入【电量明细】界面，可以查看该用户最近用电量明细和趋势图，见图 3 – 26。

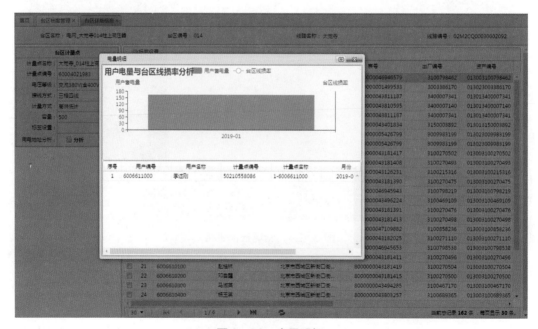

图 3 – 26　电量明细

2. 线路详情信息

选择台区，点击该台区"所属线路"进入【线路详情信息】界面，可查看所属线路详细信息，见图 3-27。详细操作方法见 3.3。

序号	用户编号	用户名称	用户类别	用电类别	容量	计量点编号	计量点名称	计量点级数	倍率	接线方式	计量方式	所属线路	所属
1	0000736477	台参管理局服务处[宿舍]	高压	城镇居民生活用电	160	50210410945	1-0000736477	次级计量点	60	三相四线	高供低计	棉种厂路	城区,什
2	0000736477	台参管理服务处[宿舍]	高压	城镇居民生活用电	160	50210410945	1-0000736477	次级计量点	60	三相四线	高供低计	棉种厂路	城区,什
3	0000751367	自动化研究所	高压	非居民照明	800	50210397047	1-0000751367	次级计量点	1000	三相三线	高供高计	棉种厂路	城区,什
4	0000751367	自动化研究所	高压	非居民照明	800	50210397047	1-0000751367	次级计量点	1000	三相三线	高供高计	棉种厂路	城区,什
5	1052983020	北京市公安局西城分局	高压	非居民照明	500	60005206513	北京市公安局西城分局	顶级计量点	600	三相三线	高供高计	棉种厂路	城区,什
6	1052983020	北京市公安局西城分局	高压	非居民照明	500	60005206514	北京市公安局西城分局	顶级计量点	60	三相三线	高供低计	棉种厂路	城区,什
7	0000751368	北京延安实业股份有限公司	高压	非居民照明	160	50210397048	1-0000751368	次级计量点	50	三相四线	高供低计	棉种厂路	城区,什
8	1062222863	国家卫生计生委机关服务局	高压	非工业	500	60005927944	国家卫生计生机关服务局	次级计量点	600	三相三线	高供高计	棉种厂路	城区,什
9	0008762232	牛奶公司	高压	非工业	630	50210452370	3-0008762232	次级计量点	1000	三相三线	高供高计	棉种厂路	城区,什
10	0008762232	牛奶公司	高压	非工业	630	50210452370	3-0008762232	次级计量点	1000	三相三线	高供高计	棉种厂路	城区,什

图 3-27　线路详情信息

3. 变电站详情信息

选择台区，点击该台区"所属变电站"进入【变电站详情信息】界面，可查看所属变电站详细信息，见图 3-28。详细操作方法见 3.4。

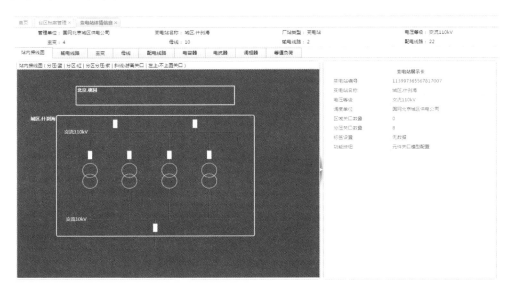

图 3-28　变电站详情信息

4. 配电变压器拓扑图

选择台区，点击该台区"所属配单变压器"进入配电变压器【拓扑图】界面，可查看所属配电变压器拓扑信息，见图 3-29。详细操作方法见 3.5。

图 3-29　配电变压器拓扑图

3.7　分布式电源管理

菜单位置：档案管理-分布式电源管理，见图 3-30。

	用户编号	用户名称	电压等级	统计计算结算日	周期计算结算日	票据分界日	统计浮动天数	周期浮动天数	计量点编号	计量点名称
	1055930090	SUN SAMUEL YL...	交流380V(含400V)	01	01				60005317615	孙豹山连接点
	1050712501	艾建国	交流220V	01	01				60005040629	艾建国家分布式光...
	1059215474	艾甫仓	交流220V	01	01	15			60005629716	艾甫仓
	1059215474	艾甫仓	交流220V	01	01	15			60005629716	艾甫仓
	1056365150	艾文军	交流380V(含400V)	01	01				60005376950	光伏上网点
	1058928663	艾乔山	交流220V	01	01	15			60005618163	艾乔山
	1056068062	安怕利	交流220V	01	01	15			60005331288	安怕利
	1060236721	安保红	交流380V(含400V)	01	01	15			60005724985	安保红
	1061449005	安泰庆	交流380V(含400V)	01	01	15			60005856338	安泰庆
	1055897889	安德军	交流220V	01	01	15			60005324124	安德军
	1047090463	安德三	交流220V	01	01	15			60004751079	安德三光伏
	1058562146	安德顺	交流220V	01	01				60005573768	接入点
	1061250074	安福根	交流380V(含400V)	01	01	15			60005831653	安福根
	1059205301	安福军	交流220V	01	01				60005593927	接入点
	1062526095	安广叶	交流220V	01	01				60006064396	安广叶
	1063450779	安广荣	交流220V	01	01				60006064396	安广荣
	1063407531	安广钧	交流380V(含400V)	01	01				60006039459	安广钧
	1057092130	安广珍	交流220V	01	01				60005433390	接入点
	1055019199	安国旺	交流220V	01	01	15			60005277319	安国旺
	1055026087	安国志	交流380V(含400V)	01	01	15			60005277217	安国志
	1049996835	安海宝	交流220V	01	01	15			60004984423	安海宝

图 3-30　分布式电源管理

3.7.1 条件筛选区

分布式电源管理是针对各单位所管理的分布式电源用户信息进行统计管理,并对分布式电源的计算结算日、表底分界日、计量点的生效(失效)日期、正反向加减关系、有效状态等相关信息进行维护。可根据分布式电源用户的用户编号、用户名称、计量点编号、计量点名称、所属台区等相关条件进行查询。

3.7.2 功能操作区

1. 保存

点击计算结算日、表底分界日、计量点的生效(失效)日期、正反向加减关系、有效状态等信息进行编辑,点击【保存】按钮即可。

 小 贴 士

分布式电源生效日期为线损计算取数时间,对于月度电量计算为上表底。

2. 删除

选择一条记录,点击【删除】按钮即可删除该分布式电源用户。

3. 导出

点击【导出】按钮即可导出对应管理单位下的分布式电源用户。

3.8 高压用户档案管理

菜单位置:档案管理–高压用户管理,见图 3–31。

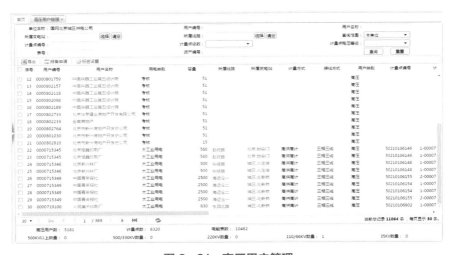

图 3–31 高压用户管理

3.8.1 条件筛选区

高压用户管理是针对线路下挂接的高压用户进行的管理,通过高压用户档案管理进行线路售电量、线损等计算和相关指标汇总统计等。可根据高压用户编号、名称、所属变电站、所属线路、计量点及电能表等相关信息进行查询。

3.8.2 功能操作区

1. 报备申请

选择台区,点击【报备申请】按钮进入【报备添加】界面。选择管理单位,点击【查询】按钮可以查询已经报备的线路,点击【修改】、【删除】按钮,可对已报备线路进行修改及删除操作,见图3-32。

图3-32 高压用户档案报备申请

点击【新增】按钮可以新增报备线路,选择报备类型、指标类别、责任专业、指标名称、电压等级、问题分类等信息,点击【保存】按钮即可,见图3-33。

2. 标签设置

选择台区数据,点击【标签设置】按钮进入【标签设置】界面,选择需要的标签类型、生效时间、失效时间等信息,点击【保存】按钮即可,见图3-34。

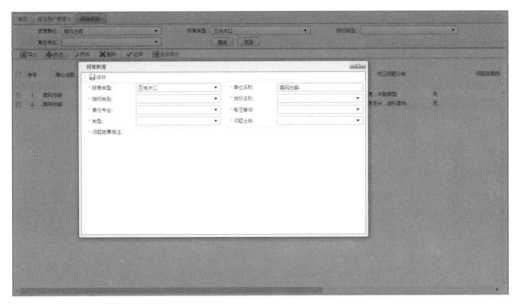

图 3-33　新增线路报备

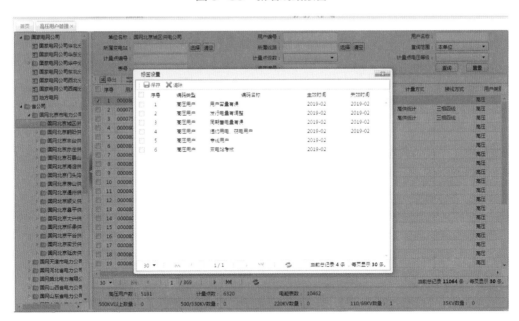

图 3-34　高压用户档案标签设置

3.8.3　明细展示区

1. 高压用户电量明细

点击"用户名称"可穿透到该用户【电量明细】界面，界面上方展示高压用户最近一年的电量趋势图，界面下方展示用户电量具体明细数据，见图 3-35。

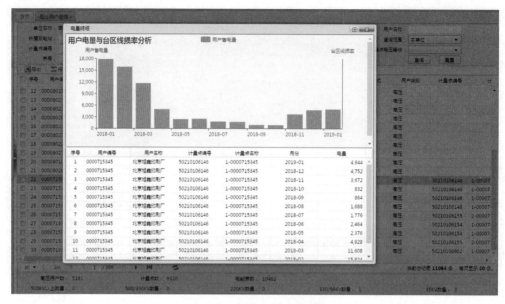

图 3-35　高压用户电量明细

2. 线路详情信息

点击高压用户"所属线路"进入【线路详情信息】界面，可查看对应线路详细信息，见图 3-36。详细操作方法见 3.3。

图 3-36　线路详情信息

3. 变电站详情信息

点击高压用户"所属变电站"进入【变电站详情信息】界面，可查看所属变电站详细信息，见图 3-37。详细操作方法见 3.4。

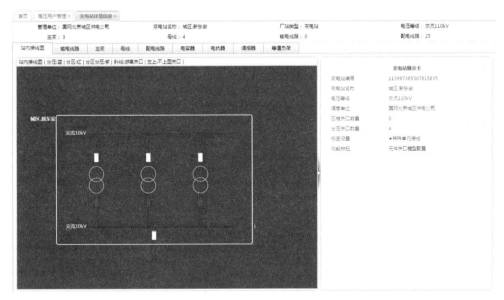

图 3-37　变电站详情信息

3.9　低压用户档案管理

菜单位置：档案管理-低压用户管理，见图 3-38。

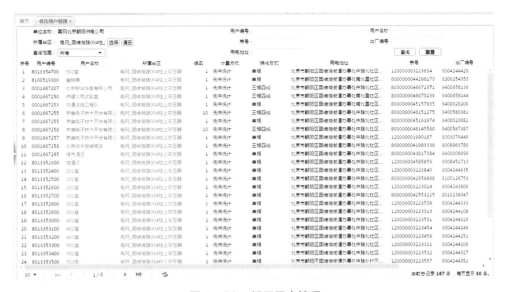

图 3-38　低压用户管理

3.9.1 条件筛选区

低压用户管理是针对配电变压器（台区）下所挂接低压用户进行的统计管理，通过低压用户档案管理用户台区的售电量计算及线损计算和进行相关考核指标汇总统计。查询低压用户必须选择低压用户所属台区，可根据用户编号、用户名称、表号等相关信息进行查询。

3.9.2 功能操作区

重置：点击【重置】按钮，可对查询条件进行清空操作。

3.9.3 明细展示区

1. 低压用户电量

点击"用户名称"可穿透到该用户【电量明细】界面，界面上方展示低用户最近 6 个月的电量趋势图，界面下方展示用户电量具体明细数据，见图 3-39。

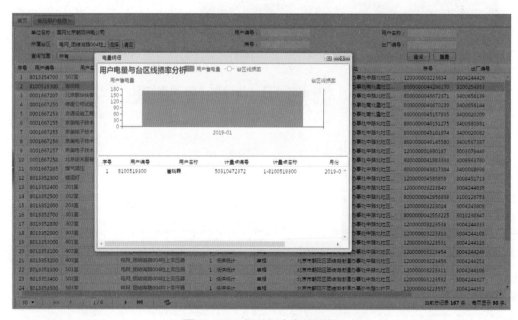

图 3-39　低压用户电量明细

低压用户档案信息为省级本地存储，未上传总部，总部侧同期系统无法展示。

2. 台区详情信息

点击低压用户"所属台区",进入【台区详情】界面,可查看台区详细信息,见图 3-40,详细操作方法见 3.6。

图 3-40 台区详细信息

3.10 电网拓扑图

菜单位置:档案管理-电网拓扑图,见图 3-41。

图 3-41 电网拓扑图

3.10.1 条件筛选区

电网拓扑图基于电网 GIS 图形化展示电网构架、电量分布和线损状况,通过 GIS 系统空间数据和电网脱偶图形再利用,解决线损图模二次数据录入和二次图形绘制问题,方便业务人员在地图中快速定位母线及输电线路高损负损、游离关口、关口不平衡、图形不完整等设备问题。可选择管理单位、查询日期、异常类型等进行查询。

3.10.2 功能操作区

1. 绘图

根据管理单位、查询日期、异常类型、电压等级等信息,点击【绘图】按钮即可对异常设备类型进行绘制,见图 3-42。

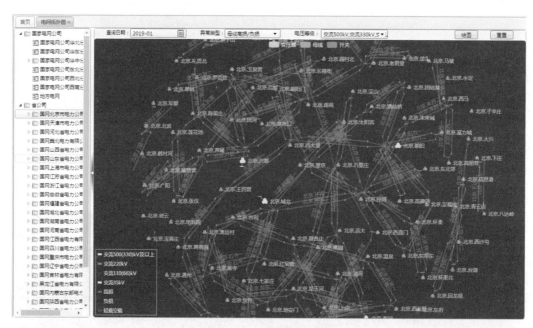

图 3-42 电网拓扑绘制

2. 重置

点击【重置】按钮,可对查询条件进行清空操作。

3.10.3 明细展示区

1. 站内仿真图界面

双击图中的变电站即可进入【站内仿真图】界面,查看该变电站站内相关设备信息,见图 3-43。

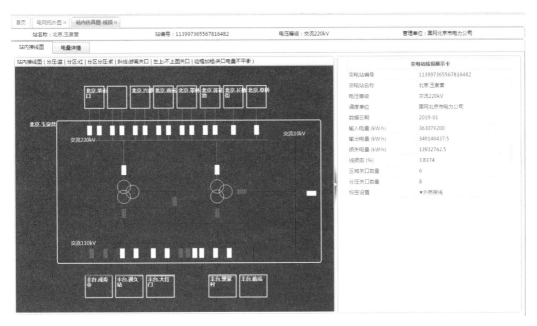

图 3-43 站内仿真图

点击【电量详情】，可查看该设备线损和电量信息等，见图 3-44。

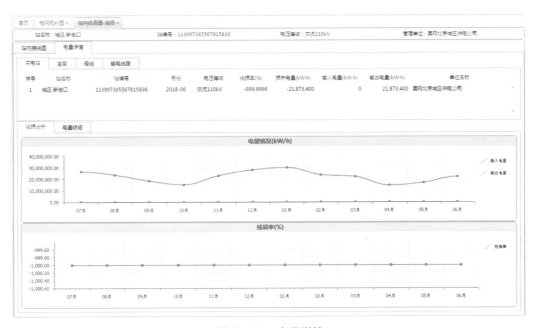

图 3-44 电量详情

第 4 章

关口管理

4.1 功 能 介 绍

该功能模块以电量计量点档案为依托，实现供电侧、输电侧、变电侧、配电侧、用电侧计量点信息多层次、全方位管理。按照计量点关口信息的统一命名、统一编码规则、统一标准的原则，实现供电侧、输电侧、变电侧、配电侧、用户侧各类关口规范化管理，涵盖管理范围、管理流程、属性管理、关口运行监控、关口电量计算、分类查询等功能。

4.2 关 口 配 置

菜单位置：关口管理－关口配置，见图 4-1。

图 4-1　关口配置

4.2.1 条件筛选区

关口配置主要针对区域关口、分压关口、电厂上网关口进行配置与删除操作，并实现变电站、变压器、母线开关位置，开关与计量点、采集测点、负荷测点的档案和关系的维护功能。

可根据管理单位，选择厂站名称、档案状态、关口编号、关口名称、关口类型等选项查询该变电站下所有已配置和未配置关口详情信息。

4.2.2 功能操作区

在关口配置时，为提高配置效率，可在选择具体的电厂或变电站时，根据计量点、采集测点、负荷测点档案的勾稽状态进行筛选查询，如选择计量点档案未勾稽的进行档案勾稽操作、选择计量点档案已勾稽的进行关口配置。

1. 电厂上网关口配置

选择关口数据，点击"电厂上网关口配置"进入【电厂上网关口配置】界面，可进行电厂上网关口的配置。选择电厂关口类型、计算关系、正反向加减关系、生失效日期等信息，点击【保存】按钮即可，见图 4-2。

图 4-2 电厂上网关口配置

> **小贴士**
>
> 电厂上网关口、分压关口、区域关口配置前，首先需要保证开关与计量点、采集测点、负荷测点勾稽完成，勾稽完成后列档案勾稽会显示√，然后才可以进行关口配置操作。

> **小贴士**
>
> 1. 总部、分部账号配置：直调电网关口；省公司：省调电厂关口；地市公司：地调电厂关口；区县公司：县调电厂关口。
> 2. 配置电厂上网关口时，供受单位自动生成，无法修改；生效日期为当前年的1月1日，可修改。
> 3. 计量点配置：一个关口可以配置多个计量点，计量点的计算关系，正反向加减关系、正反向系数为1，生效日期为当前年1月1日，可修改。
> 4. 关口配置保存后，供电单位、受电单位已确认，关口状态已审核，不会自动生成区域、分压关口。

2. 区域关口配置

选择关口数据，点击"区域关口配置"，进入【区域关口配置新】界面，可配置区域关口，选择关口性质、供电单位、受电单位、生效日期等信息点击【保存】即可，见图4-3。

图4-3 区域关口配置

操作说明：在【区域关口配置新】界面，点击【新增】按钮，进入【选择计量点】界面，可以选择关口计量点，选择正确的计量点后点击【保存】按钮即可，点击【删除】按钮可以删除关口信息，见图 4-4。

选择计量点时，所选计量点必须与开关档案勾稽的计量点一致。

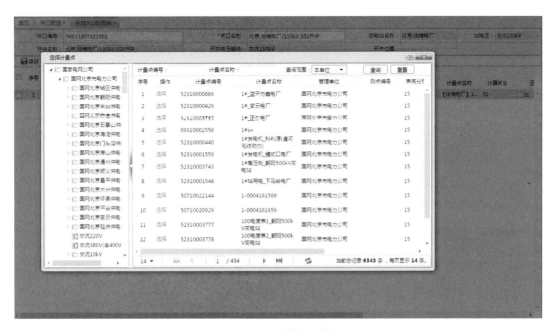

图 4-4　新增关口信息

1. 区域关口配置：只能配置供电单位或受电单位和当前登录管理单位有关的区域关口，电压等级是同一电压等级。

2. 可以配置多个相同性质的区域关口，每个关口对应一个计量点。

3. 保存配置的关口时，当前管理单位为供电单位则供电方已确认，当前管理单位为受电方则受电单位确认。

3. 分压关口配置

选择关口数据，点击"分压关口配置"进入【分压关口配置】界面后，可配置分压关口。点击【新增】按钮，可以新增分压关口，选择关口性质、供电单位、受电单位、生效日期等信息，点击【保存】按钮即可，点击【置为失效】按钮可将所选分压关口置为失效，点击【删除】按钮可删除所选分压关口，见图 4-5。

图4-5　分压关口配置

 小贴士

　　1. 分压关口配置，供受电单位是同一单位，不同电压等级的关口，计量档案勾稽和区域关口一致。

　　2. 关口配置完成后，需保证电厂或变电站、开关、计量点、测点等档案和关系在运状态，否则会影响线损计算或指标考核，造成偏差。

4. 开关档案勾稽

　　选择关口数据，点击【开关档案勾稽】按钮即可对开关进行计量点和测点的档案维护，用于计算关口电量，见图4-6。

图4-6　开关档案勾稽

操作说明：点击【新增】按钮，即可添加计量点和测点等信息，然后点击【保存】按钮即可。对于已经配置的关口，点击【删除】按钮即可删除配置关口。

小贴士

1. 一个开关只能勾稽一个计量点、一个采集测点关系。

2. 开关计量点勾稽完成后，在【关口配置】界面的"档案勾对"列，显示"√"表示开关档案勾稽已完成。

3. 在已经配置好的关口，当该关口的开关计量点发生变化重新勾稽后，关口对应的计量点测点信息不会自动变更。

5. 关口讲解

点击"关口讲解"即可进入到具体讲解关口配置方法和注意事项的界面，点击"播放"可以动画的方式进行讲解，见图 4—7。

图 4-7 关口讲解

6. 报备申请

选择关口数据，点击"报备申请"进入【报备添加】界面，可对该关口进行报备操作。点击【新增】按钮，填写具体的信息，然后点击【保存】按钮即可，点击【修改】、【删除】按钮可对已经报备的关口进行修改、删除操作，见图 4-8。

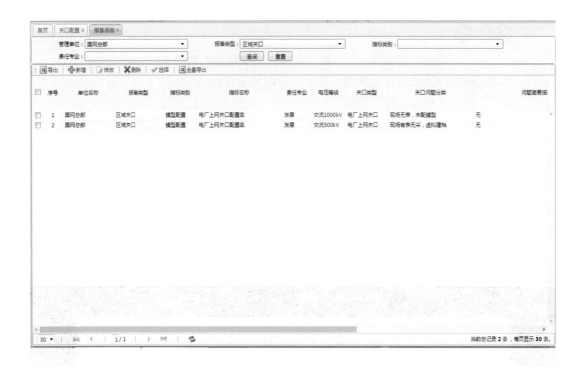

图4-8 关口报备申请

7. 删除

选择已配置的关口数据，点击【删除】按钮，即可对该关口进行删除。

8. 导出

点击【导出】按钮，可以导出界面的所有关口数据，包括已配置关口和未配置关口。

4.3 区域关口确认

功能介绍：对配置完成的区域关口进行确认工作，用户可以确认本单位和所属下级单位用户配置的关口。可以查看已确认的区域关口等信息。

菜单位置：关口管理-区域关口确认，见图4-9。

图 4-9　区域关口确认

4.3.1　条件筛选区

该功能对配置完成的区域关口进行确认工作,登录用户可以确认本单位和所属下级单位用户配置的关口,可以查看已确认的区域关口信息。

可选择变电站名称、电压等级、关口性质、关口状态等信息进行查询。

4.3.2　功能操作区

1. 确认

选择一条未确认的区域关口数据,点击【确认】按钮,并点击【确定】按钮,确定进行此操作,即可对区域关口进行确认操作,见图 4-10。

已配置的区域关口,只有供电方和受电方都已确认,且有生效日期时,才能进入区域关口审核流程。

2. 导出

点击【导出】按钮可以导出界面的所有关口数据,包括已确认关口和未确认关口。

图 4-10 区域关口确认操作

4.4 区域关口清单审核

菜单位置：关口管理–区域关口清单审核，见图 4-11。

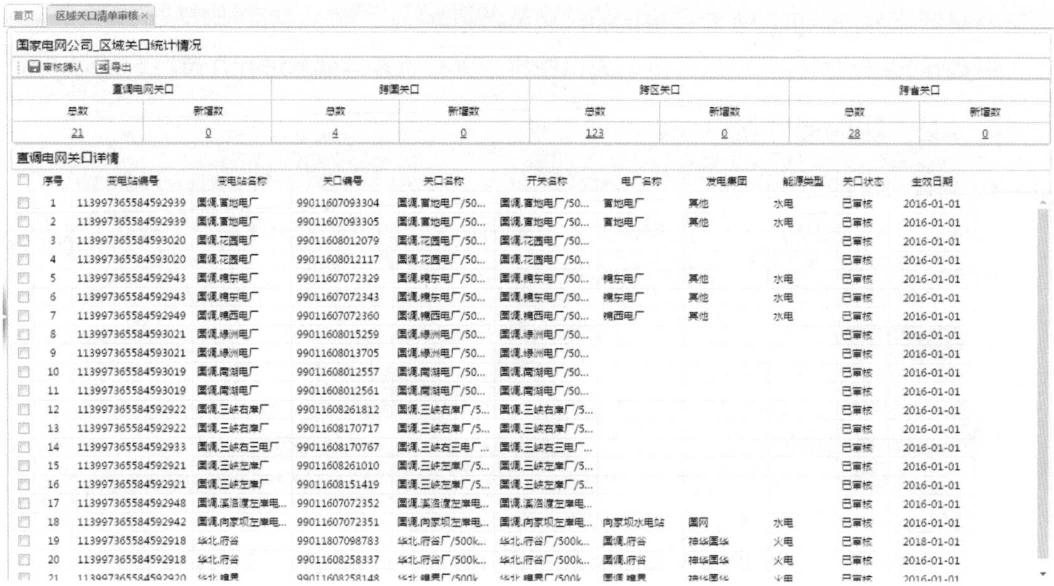

图 4-11 区域关口清单审核

4.4.1　条件筛选区

实现对区域关口数据的审核，已审核通过的关口按生效日期参与电量和线损计算。

4.4.2　功能操作区

1. 审核确认

选择一条已确认但未审核的关口数据，点击【审核确认】按钮，然后点击【确定】按钮即可完成区域关口数据的审核工作，见图 4–12。

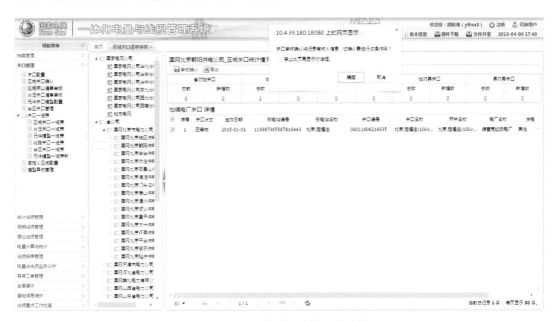

图 4–12　区域关口清单审核确认

　　跨区关口经过分部、省公司确认后，区域关口才能进行审核；跨省关口全部经过省公司确认后，区域关口才能进行审核。

2. 导出

点击【导出】按钮，可以导出界面展示的所有关口数据。

4.4.3　明细展示区

1. 总数

点击跨国关口类型"总数"列下面的数字即可查看该单位下所有的跨国关口数据，见图 4–13。

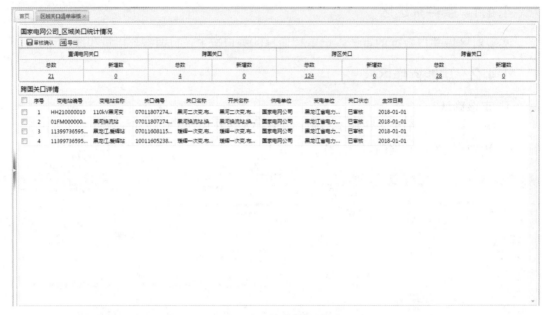

图 4-13　跨国关口详细

1. 界面中展示的关口类型和登录账号的管理单位有关。

2. 跨区关口、跨省关口、直调电厂上网关口及省对地关口的"总数"查询与该界面方法一致。

2. 新增数

点击跨国关口类型"新增数"列下面的数字即可查看该单位下所有的跨国关口数据，操作方法与"总数"一致。

界面中"新增数"是需要审核的区域关口数，新增数显示"0"则没有需要该账号审核的关口数据。

4.5　分压关口清单审核

菜单位置：关口管理-分压关口清单审核，见图 4-14。

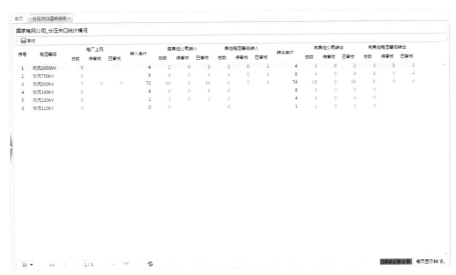

图 4-14　分压关口清单审核

4.5.1　条件筛选区

该功能实现对分压关口数据的审核，审核通过的关口按生效日期参与电量和线损计算。登录用户可以审核本单位和所属下级单位用户配置的分压关口。

4.5.2　功能操作区

1. 审核

选择一条已确认待审核的分压关口，点击【审核】按钮，在弹出的对话框点击【确定】按钮，即可将待审核分压关口审核通过，见图 4-15。

图 4-15　分压关口清单审核

4.5.3 明细展示区

1. 总数

点击电厂上网关口类型"总数"列下面的数字即可查看该单位对应电压等级下所有的电厂上网关口数据，见图4-16。

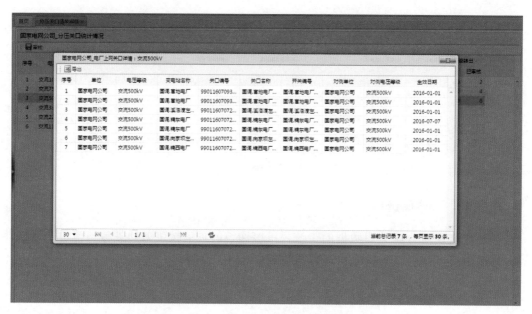

图4-16 电厂上网关口详情

2. 待审核

点击电厂上网关口"待审核"列下面的数字即可查看该单位下所有的待审核的分压关口数据，操作方法与"总数"一致。

界面中"待审核数"是需要审核的分压关口数，待审核显示"0"则没有需要该账号审核的分压关口数据。

3. 已审核

点击电厂上网关口"已审核"列下面的数字即可查看该单位下所有的已审核的分压关口数据，操作方法与"总数"一致。

"总数""待审核"以及"已审核"界面中，点击【导出】按钮可以对对应的分压关口数据进行导出。

4.6 元件关口模型配置

功能介绍：元件关口模型配置以设备档案为基础，实现对变电站、主变压器、母线、输电线路、配电线路的模型配置功能，系统根据模型配置进行电量与线损计算。

菜单位置：关口管理 – 元件关口模型配置，见图 4 – 17。

图 4 – 17 元件关口模型配置

4.6.1 条件筛选区

元件关口模型配置以设备档案为基础，实现对变电站、主变压器、母线、输电线路、配电线路的模型配置功能，系统根据配置的元件模型进行电量与线损计算。

4.6.2 功能操作区

1. 批量设置

选择需要配置的元件模型，点击【批量设置】按钮，在弹出的提示框中点击【确定】按钮，点击界面中的【保存】按钮，即可对所选元件模型的输入输出侧批量设置计算关系，见图 4 – 18。

小贴士

1. 批量设置之前首先需要增加输入开关与计量点关系、输出开关与计量点关系。

2. 批量设置将把输入侧正向设置为加，反向删除；输出侧反向设置为加，正向删除。

3. 批量设置可对单个元件模型或同类型的元件模型进行批量设置。

4. 变电站、主变压器、母线、输电及配电线路中"批量设置"方法一致。

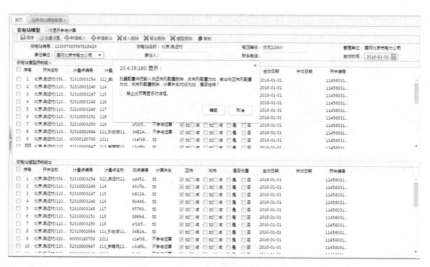

图 4-18 元件模型批量设置

2. 新增输入

操作说明：选择单位，找到对应需要配置模型的变电站，点击【新增输入】按钮进入【新增输入】界面，输入厂站名称、开关编号等信息，点击【查询】按钮，选择需要新增的输入开关关系，在模型配置选择正反向计算关系、是否反置、生效日期和失效日期等，点击【保存】按钮即可，见图 4-19。

图 4-19 元件关口模型新增输入

小 贴 士

变电站、主变压器、母线、输电及配电线路中"新增输入"方法一致。

3. 新增输出

操作说明：选择单位，找到对应需要配置模型的变电站，点击【新增输出】按钮进入【新增输出】界面，选择需要新增的输出开关关系，在模型配置选择正反向计算关系、是否反置、生效日期和失效日期等，点击【保存】按钮即可，见图 4-20。

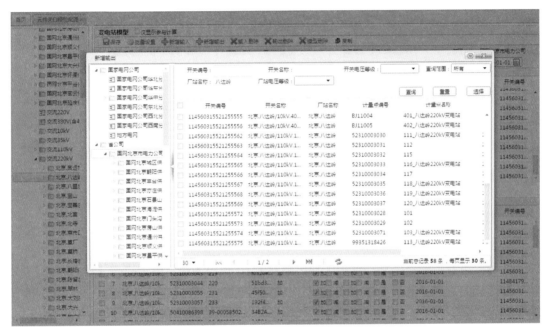

图 4-20　元件关口模型新增输出

 小 贴 士

1. 变电站、主变压器、母线、输电及配电线路中"新增输出"方法一致。

2. 在母线的输出模型配置中可以配置"站用电"，选择开关，在"是否站用电"列，选择"是"即可。

3. 设置了站用电的输出侧中开关关系对应的电量在汇总"母线平衡率"指标时去除。

4. 输入删除

选择一条开关输入关系，点击【输入删除】按钮，在弹出的提示框中点击【确定】按钮即可删除选择的输入开关关系，见图 4-21。

图 4-21　元件关口模型输入删除

变电站、主变压器、母线、输电及配电线路中"输入删除"方法一致。

5. 输出删除

选择一条开关输出关系，点击【输出删除】，在弹出的提示框中点击【确定】按钮即可删除选择的输出开关关系，见图 4-22。

图 4-22　元件关口模型输出删除

变电站、主变压器、母线、输电及配电线路中"输出删除"方法一致。

6. 模型删除

选择需要删除的元件模型，点击【模型删除】按钮，在弹出的提示框中点击【确定】按钮即可删除选择元件模型，见图 4-23。

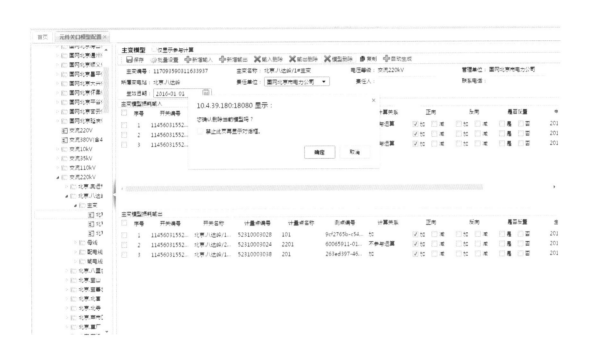

图 4-23　元件关口模型删除

变电站、主变压器、母线、输电及配电线路中"模型删除"方法一致。

7. 复制

选择元件模型，在模型输入中勾选一条输入开关关系，点击【复制】按钮，在弹出的提示框中点击【确定】按钮，即可将模型输入中的输入开关关系复制到元件模型的输出关系列表中，见图 4-24。

65

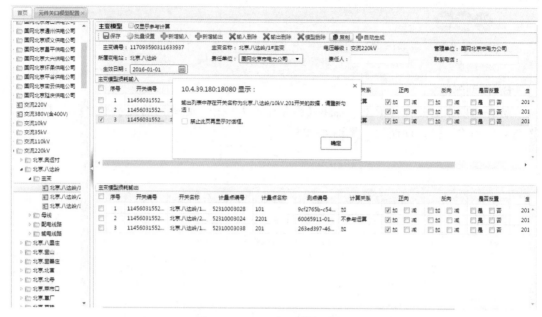

图4-24 元件关口模型复制

1. "复制"功能也可以将模型输出中开关关系复制到模型输入中。

2. "复制"功能只能在同一元件模型中使用，且只能复制到没有该开关关系的列表中，如输入模型复制到输出中，则输出关系中不能存在该开关关系。

3. 变电站、主变压器、母线、输电及配电线路中"复制"方法一致。

8. 自动生成

选择元件模型，点击【自动生成】按钮即可自动生成该元件模型的输入输出关系，见图4-25。

1. 自动生成操作只能用于没有输入输出关系的模型。

2. 自动生成操作只能用于单个元件模型。

3. 主变压器、母线、输电线路可以使用自动生成操作，变电站及配电线路没有自动生成功能。

4. 自动生成的输入输出关系，默认输入关系为反向加，输出关系为正向加，可以修改。

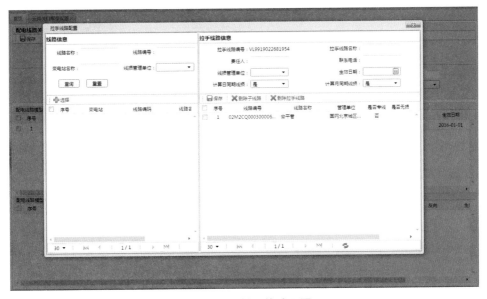

图 4-25　元件关口模型自动生成

9. 配置拉手线路

在配电线路模型中，选择需要配置拉手线路的配电线路，点击【配置拉手线路】按钮，进入【拉手线路配置】界面，在界面中找到需要的子线路，点击【选择】按钮即可加入拉手线路子线路列表中，点击【保存】按钮即可。在子线路列表中选择子线路，点击【删除子线路】按钮可以删除子线路；点击【删除拉手线路】按钮，可以删除配置的拉手线路，见图 4-26。

图 4-26　拉手线路配置

> **小贴士**
>
> 1. 拉手线路的子线路要求是同一个单位或者下级单位的配电线路。
>
> 2. 拉手线路模型删除时，首先要把子线路列表中配电线路删除，才可以删除配置的拉手线路。
>
> 3. 拉手线路配置以后，在电量和线损计算以及相关指标汇总时按拉手线路统计，子线路不再统计。
>
> 4. 拉手线路配置的子线路不得超过三条，三条以上在电量和线损计算及相关考核指标汇总时按不合格统计。

10. 查看拉手线路

在配电线路模型中，选择已配置拉手线路的配电线路，点击【查看拉手线路】按钮进入【拉手线路信息查看】界面，可以查看拉手线路的编号、名称、管理单位以及子线路等信息，见图4-27。

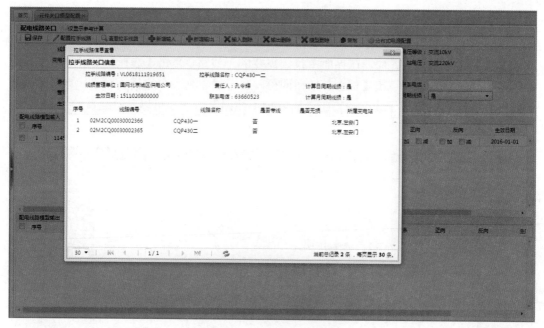

图4-27　拉手线路信息查看

11. 分布式电源配置

在配电线路模型中，选择需要配置分布式电源的配电线路，点击【分布式电源配置】按钮，进入【分布式电源配置】界面，找到需要配置的高压用户或者台区，点击【选择】按钮，在配电线路模型配置界面点击【保存】按钮即可，见图4-28。

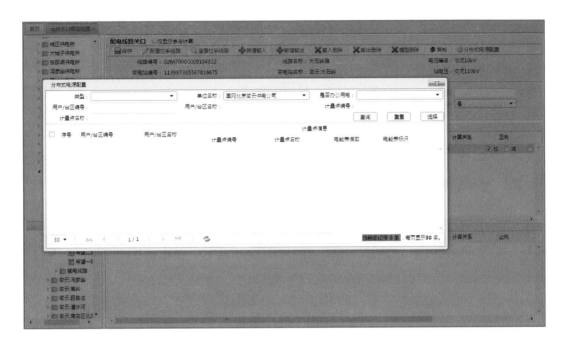

图 4-28　分布式电源配置

小贴士

1. 分布式电源配置中的高压用户或台区要求是挂接在该配电线路下。
2. 分布式电源配置完成后，相应的电量计入配电线路的供电量中。

12. T 接线路配置

在输电线路模型中，选择需要配置 T 接线路的输电线路，点击【T 接线路配置】按钮，进入【T 接线路配置】界面，在界面中找到需要的子线路，点击【选择】按钮即可加入 T 接线路子线路列表中，点击【保存】按钮即可。在子线路列表中选择子线路，点击【删除】按钮可以删除子线路，见图 4-29。

小贴士

1. T 接输电线路用于没有起止站，直接在别的输电线路连接的输电线路。
2. T 接的输电线路在考核指标汇总时按特殊情况处理。

图 4-29 T 接线路配置

13. 白名单申请

选择需要申请白名单的输电线路，点击【白名单申请】按钮进入【白名单申请】界面，选择影响月份、报备原因、整改类型等信息点击【添加】按钮即可，见图 4-30。

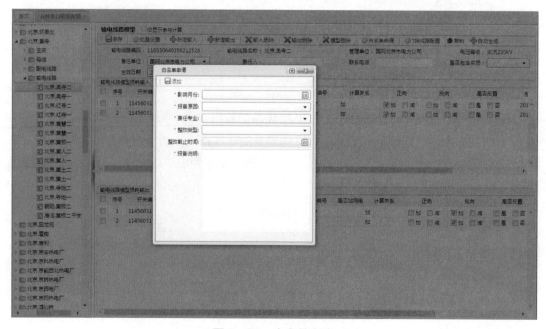

图 4-30 白名单申请

4.7 台 区 关 口 管 理

菜单位置：关口管理－台区关口管理，见图4-31。

图4-31 台区关口管理

4.7.1 条件筛选区

台区关口管理以台区档案为基础，实现对台区模型配置功能，系统根据台区模型配置进行台区的电量与线损计算。选择管理单位，可选择台区编号、台区名称、所属线路、是否打包、责任单位等信息，点击【查询】按钮即可查看该台区模型信息。

4.7.2 功能操作区

1. 打包解绑

在界面中选择打包台区，勾选需要解包的打包台区模型，点击【打包解绑】按钮可以进行打包台区的解包操作，见图4-32。

小贴士

1. 台区解包应用于不再需要打包的台区。
2. 解包后的台区在台区电量和线损计算以及指标汇总时按普通台区处理。

图4-32　台区关口打包解绑

2. 导出

点击【导出】按钮，可以导出界面展示的所有台区信息。

3. 台区模型删除

在界面中选择需要删除的台区，点击【台区模型删除】按钮，在弹出的提示框中点击【确定】按钮，即可删除所选台区模型，见图4-33。

图4-33　台区模型删除

4. 台区模型配置

在界面中选择需要配置的台区，点击【台区模型配置】按钮进入【台区模型配置】界面，可以配置台区模型，见图4-34。

图4-34 台区模型配置

【台区模型配置】界面可以进行新增输入、新增输出、输入删除、输出删除操作，设置生效日期、失效日期，点击【保存】按钮即可，见图4-35。

图4-35 台区模型配置新增输入

小贴士

台区的输入或输出模型配置完成后,生效日期为必填项,没有生效日期的台区模型不参与电量及线损计算等。

点击【分布式电源配置】按钮,进入【分布式电源配置】界面,输入用户编号、名称等信息,勾选需要配置的用户,点击【选择】按钮,在台区模型配置界面点击【保存】按钮即可,见图4-36。

图 4-36 分布式电源配置

4.8 游离关口配置

菜单位置:关口管理-游离关口配置,见图4-37。

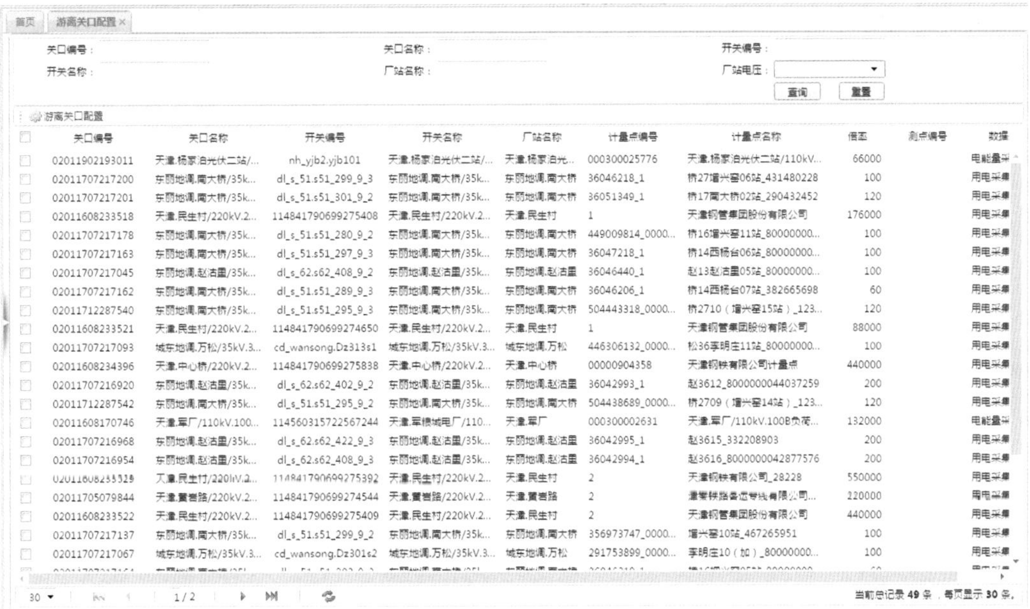

图 4-37　游离关口配置

4.8.1　条件筛选区

对于电厂母线、升压变压器存在电网穿越电量的电厂,关口计量点应设置在电厂升压变压器的高压侧(含高压启动备用变压器);对一厂多制(厂内发电机组不同产权属性、不同上网电压)的电厂需在发电机升压变压器高压侧设置关口计量点;发电机出口及厂用变压器应安装电能计量装置;作为保安电源的高压启动备用变压器,应在其高压侧设置关口计量点。以上关口在同期线损管理系统中配置关口时无法配置到线路及母线模型中,在此情况下,需要通过游离关口配置,将电厂上网开关与电厂出线的变电站侧开关进行游离关口配置。配置逻辑及计算关系与输电线路模型一致。

用户可根据关口编号、关口名称、开关编号、开关名称、厂站名称和厂站电压等相关条件筛选未配置游离关口。

4.8.2　游离关口配置

选择需要配置的关口,点击"游离关口配置",进入【游离关口配置新】界面,见图 4-38。

游离关口编号系统自动生成,手动填写游离关口名称,选择管理单位、生效日期、失效日期等。点击【新增输入】、【新增输出】按钮,选择电厂上网开关及线路开关等。输入及输出侧配置完成,填写完信息后,点击【保存】按钮即可完成游离关口配置,见图 4-39。

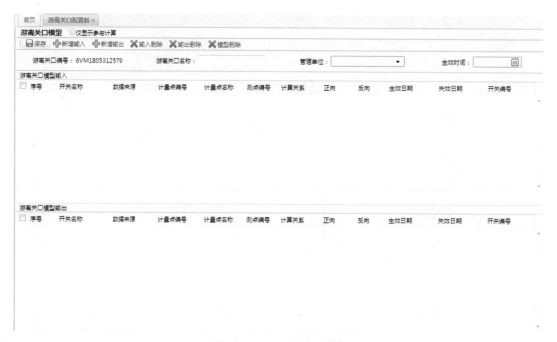

图 4-38　游离关口配置

图 4-39　游离关口配置

游离关口指未配置到母线或输电线路模型的电厂上网关口开关。游离关口的线路开关为输电线路起始侧或终止侧，35kV 及以上变电站开关。

4.9 关口一览表

4.9.1 区域关口一览表

菜单位置：关口管理 – 关口一览表 – 区域关口一览表，见图4–40。

图4–40　区域关口一览表

4.9.1.1　条件筛选区

区域关口一览表用于对区域关口进行关口档案维护、电量追补模型自动生成、异常标注、召测等，并对表底信息、关口信息进行统一展示。

选择管理单位，可选择关口名称、关口编号、关口性质、变电站名称、开关名称、日期等条件查询具体区域关口信息，也可以点击在界面上方关口性质和关口状态的统计数据进行穿透查询。

4.9.1.2　功能操作区

1. 档案勾稽

选择一条关口数据，点击【档案勾稽】按钮，进入【档案勾稽】界面，即可对开关计量点进行维护，见图4–41。详细操作方法见4.2.2的开关档案勾稽。

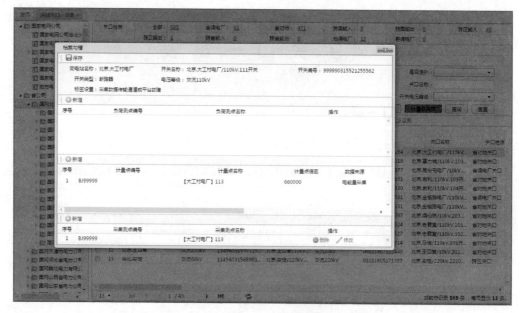

图 4-41　开关档案勾稽

2. 电量追补

选择一条需要追补电量的区域关口数据，点击【电量追补】按钮，进入【电量追补】界面，即可对该关口进行关口电量追补操作。填写相关电量信息等，点击【保存】按钮即可，点击【删除】按钮即可对追补电量进行删除操作，见图 4-42。

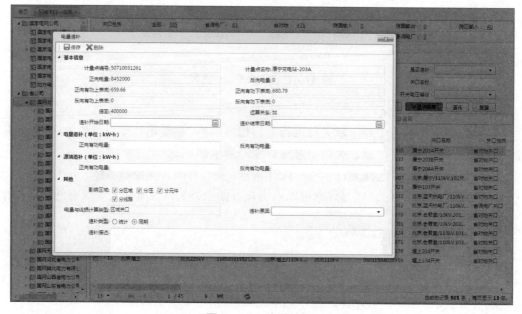

图 4-42　电量追补

电量追补用于计量点没有上下表底、倍率等，无法进行电量计算时或者由于
种种原因导致的电量少算的情况使用。

3. 问题分析

选择一条关口数据，点击【问题分析】按钮，如果区域关口配置出错，则弹出关口异
常信息，见图4-43。

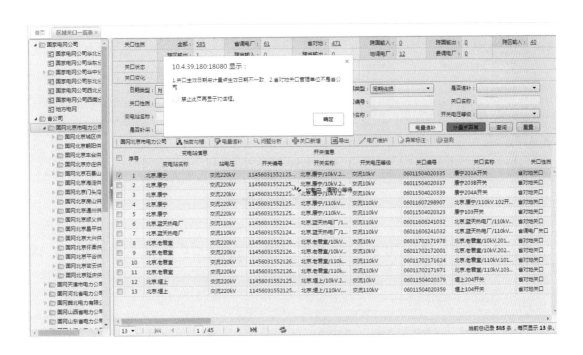

图 4-43 问题分析

问题分析主要用于分析关口和计量点的生效日期是否一致，配置的区域关口
是否符合要求等情况。

4. 关口新增

点击"关口新增"可进入到【区域关口新增】界面进行关口配置操作，见图4-44。
详细操作方法见4.2.2 的区域关口配置。

图 4-44　区域关口新增

5. 召测

该功能可检测区域关口计量点测点档案,在省级数据中心是否与总部数据库一致。选择区域关口,点击【召测】按钮即可,见图 4-45。

图 4-45　召测

召测只能用于检测计量点数据来源为用电信息采集系统的数据。

6. 异常标注

点击【异常标注】按钮,进入【异常标注】界面,填写异常名称、异常内容,选择异常类型等信息,点击【提交】按钮即可,见图 4-46。

图 4-46　异常标注

7. 电厂维护

选择区域关口，点击【电厂维护】按钮进入【电厂维护】界面，可进行电厂信息维护操作，填写电厂名称、发电集团等信息，点击【保存】按钮即可，见图 4-47。

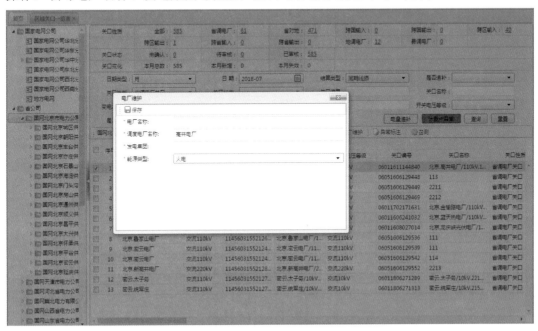

图 4-47　电厂维护

8. 导出

点击【导出】按钮可以导出界面展示的元件模型关口信息。

4.9.2 分压关口一览表

菜单位置：关口管理－关口一览表－分压关口一览表，见图4－48。

图4－48 分压关口一览表

4.9.2.1 条件筛选区

分压关口一览表用于对分压关口进行关口档案维护、电量追补等，并对表底信息、关口信息进行统一展示，可以根据关口名称、编号、变电站名称、开关名称等条件查询分压关口信息。

4.9.2.2 功能操作区

1. 档案勾稽

选择一条关口数据，点击【档案勾稽】按钮进入【档案勾稽】界面，即可对开关计量点进行维护，见图4－49。详细操作法见4.2.2的开关档案勾稽。

2. 电量追补

选择需要追补电量的一条分压关口数据，点击【电量追补】按钮，进入【电量追补】界面，即可对该关口进行关口电量追补操作，见图4－50。详细操作方法见4.9.1.2的电量追补。

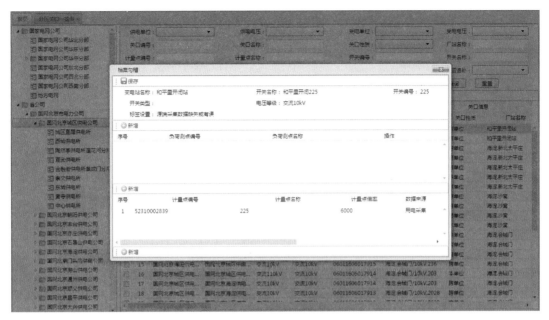

图 4-49　开关档案勾稽

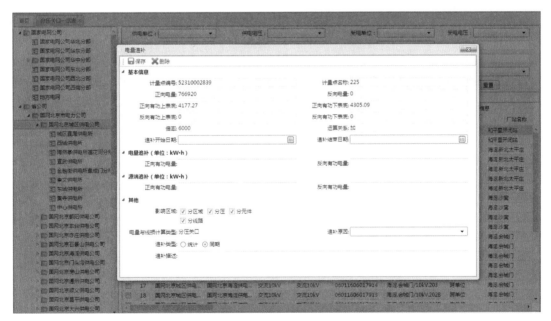

图 4-50　电量追补

3. 问题分析

选择一条分压关口数据，点击【问题分析】按钮，即可弹出关口异常信息，没有异常信息则显示"当前数据不存在问题"，见图 4-51。详细操作方法见 4.9.1.2 的问题分析。

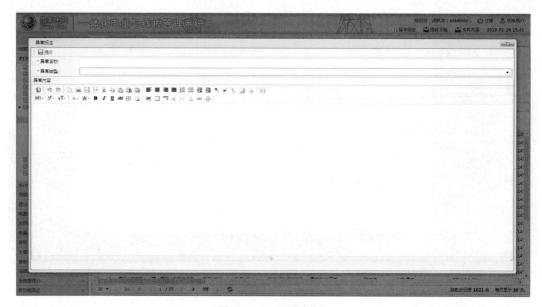

图 4-51 问题分析

4. 异常标注

选择一条分压关口数据，点击【异常标注】按钮，进入【异常标注】界面，可进行异常标注操作，见图 4-52。详细操作方法见 4.9.1.2 的异常标注。

图 4-52 异常标注

5. 报备申请

选择一条需要报备的分压关口数据，点击【报备申请】按钮进入【报备添加】界面，可对该关口进行报备操作，点击【新增】按钮，填写具体的信息，点击【保存】按钮即可，选择一条数据，点击【修改】、【删除】按钮可对该已经报备的关口进行修改、删除操作，见图 4 – 53。

图 4 – 53　分压关口报备申请

6. 召测

选择分压关口数据，点击【召测】按钮即可，见图 4 – 54。详细操作方法见 4.9.1.2 的召测。

图 4 – 54　召测

7. 导出

点击【导出】按钮可以导出界面展示的元件模型关口信息。

4.9.3　元件关口一览表

菜单位置：关口管理 – 关口一览表 – 元件模型一览表新，见图 4 – 55。

图4-55 元件模型一览表新

4.9.3.1 条件筛选区

元件关口一览表用于对变电站模型、主变压器模型、母线模型、输电线路模型等元件关口进行电量追补、异常标注等操作，并对元件模型对应的输入及输出模型中计量点表底信息、倍率、计算关系、电量等信息进行统一展示。

可以根据元件名称、元件编号、元件类型、电压等级、日期等条件查询元件模型关口信息。

4.9.3.2 功能操作区

1. 电量追补

选择一条数据，点击【电量追补】按钮，进入【电量追补】界面，即可对该关口进行关口电量追补操作，见图4-56。详细操作方法见4.9.1.2的电量追补。

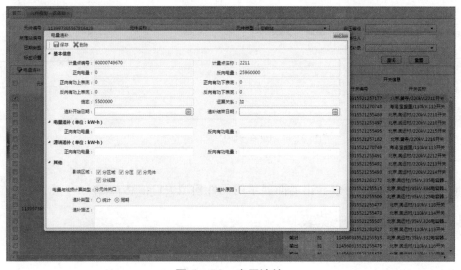

图4-56 电量追补

主变压器、母线、输电线路等"电量追补"操作方法一致。

2. 异常标注

选择一条元件模型关口数据，点击【异常标注】按钮，进入【异常标注】界面，可进行异常标注操作，见图4-57。详细操作方法见4.9.1.2的异常标注。

图4-57　异常标注

3. 导出

点击【导出】按钮可以导出界面展示的元件模型关口信息。

4. 报备申请

选择一条需要报备的元件模型关口数据，点击【报备申请】按钮，进入【报备添加】界面，即可进行报备操作，见图4-58。详细操作方法见4.9.2.2的报备申请。

图4-58　元件模型关口报备申请

5. 召测

选择元件模型数据，点击【召测】按钮即可，见图 4–59。详细操作方法见 4.9.1.2 的召测。

图 4–59 召测

4.9.4 线路关口一览表

菜单位置：关口管理－关口一览表－线路关口一览表，见图 4–60。

图 4–60 线路关口一览表

4.9.4.1 条件筛选区

线路关口一览表用于对配电线路关口进行电量追补、档案勾稽、生成模型等，并对线路输入输出计量点表底信息，倍率、电量等信息进行展示。可根据管理单位、线路编号、线路名称、开关编号、所属变电站名称等相关信息筛选线路关口信息。

4.9.4.2 功能操作区

1. 档案勾稽

选择一条线路关口数据，点击【档案勾稽】按钮，可对线路关口计量点进行开关档案维护，见图 4-61。详细操作方法见 4.2.2 的开关档案勾稽。

图 4-61 开关档案勾稽

2. 电量追补

选择一条线路关口数据，点击【电量追补】按钮，进入【电量追补】界面，即可对该关口进行关口电量追补操作，见图 4-62。详细操作方法见 4.9.1.2 的电量追补。

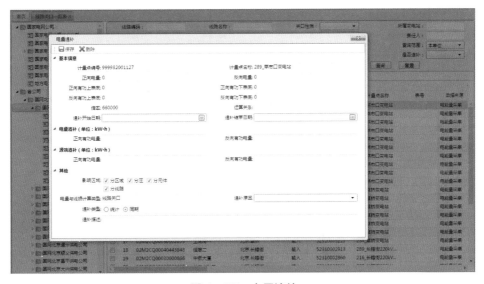

图 4-62 电量追补

3. 异常标注

选择一条异常线路关口数据，点击【异常标注】按钮，进入【异常标注】界面，即可进行异常标注操作，见图4-63。详细操作方法见4.9.1.2的异常标注。

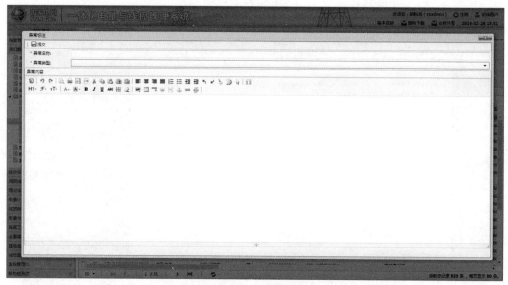

图4-63　异常标注

4. 报备申请

选择一条需要报备的线路关口数据，点击【报备申请】按钮，进入【报备添加】界面，即可对该关口进行报备操作，见图4-64。详细操作方法见4.9.2.2的报备申请。

图4-64　线路关口报备申请

5. 生成模型

指定单位,点击【生成模型】按钮,即可由系统自动生成选中单位模型,见图 4-65。

图 4-65　生成模型

6. 任务监控

指定单位,点击【任务监控】按钮,即可查看生成模型任务情况,见图 4-66。

图 4-66　任务监控

7. 召测

选择线路关口数据,点击【召测】按钮即可,见图 4-67。详细操作方法见 4.9.1.2 的召测。

图 4-67 召测

8. 导出

点击【导出】按钮，可以导出界面展示的配电线路模型关口信息。

4.9.4.3 明细展示区

1. 正向电量

选择线路关口数据，在正向电量列，点击"正向电量"，进入【正向电量】界面，即可查看最近 12 个月正向电量数据趋势图，方便核对电量数据，见图 4-68。

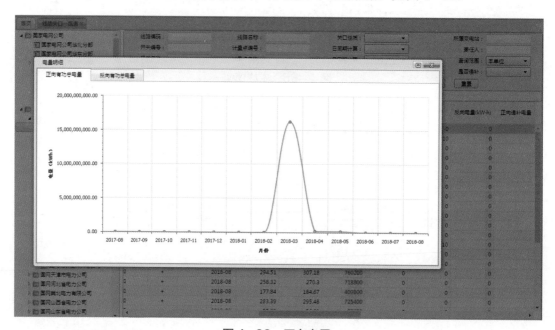

图 4-68 正向电量

2. 反向电量

选择线路关口数据，在反向电量列，点击"反向电量"，进入【反向电量】界面，即可查看最近 12 个月反向电量数据趋势图，方便核对电量数据，见图 4-69。

可根据线路关口计量点信息中选择的正反向计算方向查看电量趋势图。

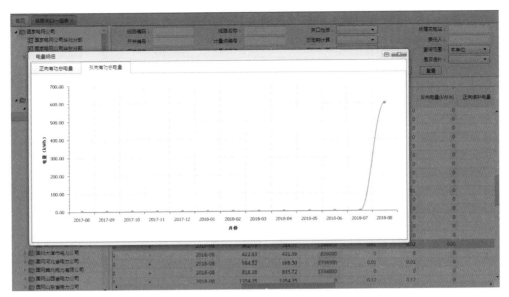

图 4-69　反向电量

4.9.5　台区关口一览表

菜单位置：关口管理－关口一览表－台区关口一览表，见图 4-70。

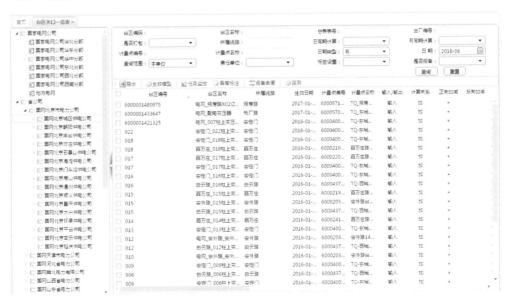

图 4-70　台区关口一览表

4.9.5.1　条件筛选区

台区关口一览表用于对台区关口进行生成模型、异常标注等，并对台区关口模型输入输出计量点表底信息，倍率、电量等信息进行展示，可根据管理单位、台区编号、台区名称、总表表号、出厂编号等相关信息查询台区关口信息。

4.9.5.2 功能操作区

1. 生成模型

指定单位，点击【生成模型】按钮，即可由系统自动生成选中单位模型，见图4-71。

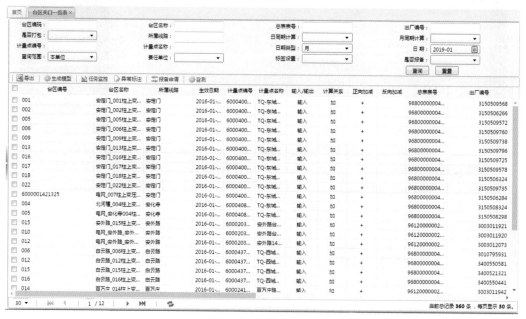

图4-71 生成模型

2. 任务监控

点击【任务监控】按钮，即可查看生成模型任务情况，见图4-72。

图4-72 任务监控

3. 异常标注

点击【异常标注】按钮，进入【异常标注】界面，即可进行异常标注操作，见图4-73。详细操作方法见4.9.1.2的异常标注。

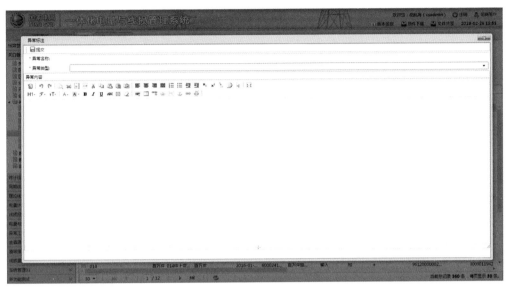

图 4-73　异常标注

4. 报备申请

选择一条需要报备的台区关口数据，点击【报备申请】按钮，进入【报备添加】界面，即可对该关口进行报备操作，见图4-74。详细操作方法见4.9.2.2的报备申请。

图 4-74　台区关口报备申请

5. 召测

选择线路关口数据，点击【召测】按钮即可，见图 4-75。详细操作方法见 4.9.1.2 的召测。

图 4-75　召测

6. 导出

点击【导出】按钮，可以导出界面展示的元件模型关口信息。

4.9.6　游离关口一览表

菜单位置：关口管理-关口一览表-游离关口一览表，见图 4-76。

图 4-76　游离关口一览表

4.9.6.1 条件筛选区

游离关口一览表用于对已经配置完成的游离关口进行查询及修改。对于配置了游离关口的电厂上网开关，在供电关口模型平衡率中将予以剔除。可通过此功能查询配置的游离关口，并通过游离关口配置功能对配置的数据进行修改。

4.9.6.2 功能操作区

1. 游离关口配置

选择一条数据，点击【游离关口配置】按钮，进入【游离关口配置信息】界面，可以配置游离关口，见图4-77。详细操作方法见4.8。

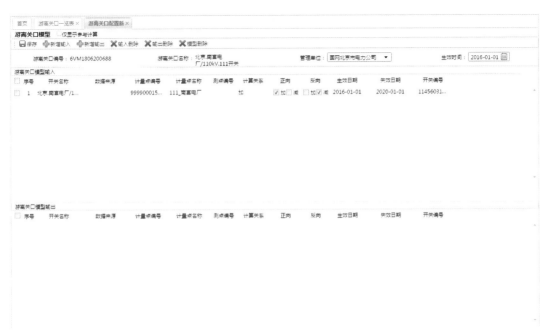

图 4-77 游离关口配置

2. 导出

点击【导出】按钮，可以导出界面展示的元件模型关口信息。

4.10 模型异动管理

菜单位置：关口管理–模型异动管理，见图4-78。

图 4-78　模型异动管理

4.10.1　条件筛选区

　　模型移动管理用于针对分区、分压、分线、分台区、分元件等，进行设备异动校验，并提供异常明细及具体处理措施。可根据专业分类、模型类型、处理状态等筛选条件筛选异动模型信息。选择一条数据，界面右侧展示模型异动的详细信息。

4.10.2　功能操作区

1. 处理

　　选择一条异常明细数据，点击【处理】按钮，进入【模型异动处理】界面，即可对异动的模型进行处理，填写异动信息等，点击【保存】按钮即可，见图 4-79。

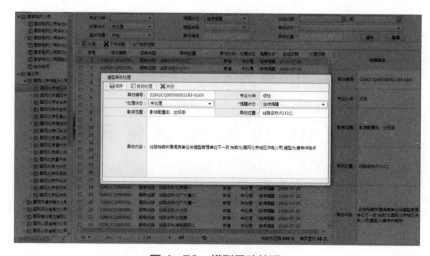

图 4-79　模型异动处理

2. 不再提醒

选择一条异常明细数据，点击【不再提醒】按钮，则该异常信息不会再次出现。

　　"不再提醒"用于确认已经处理的模型异常系统界面不再继续提醒。未处理的模型异常设置"不再提醒"不会自动处理异常。

3. 继续提醒

选择一条异常明细数据，点击【继续提醒】按钮，则该异常信息会再次提醒处理。

第 5 章

统计线损管理

5.1 功 能 介 绍

统计线损管理包括分区、分压、分线、分台区线损率线损四分指标管理，可分别在各自界面查询各单位的统计线损及电量情况。

5.2 分区域线损查询

菜单位置：统计线损管理－分区域线损查询，见图 5－1。

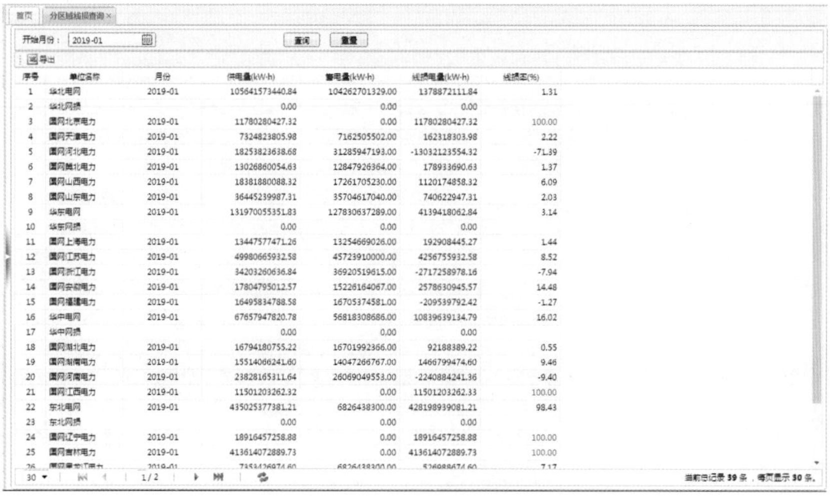

序号	单位名称	月份	供电量(kW·h)	售电量(kW·h)	线损电量(kW·h)	线损率(%)
1	华北电网	2019-01	105641573440.84	104262701329.00	1378872111.84	1.31
2	华北网损		0.00	0.00	0.00	
3	国网北京电力	2019-01	11780280427.32	0.00	11780280427.32	100.00
4	国网天津电力	2019-01	7324823805.98	7162505502.00	162318303.98	2.22
5	国网河北电力	2019-01	18253823638.68	31285947193.00	-13032123554.32	-71.39
6	国网冀北电力	2019-01	13026860054.63	12847926364.00	178933690.63	1.37
7	国网山西电力	2019-01	18381880088.32	17261705230.00	1120174858.32	6.09
8	国网山东电力	2019-01	36445239987.31	35704617040.00	740622947.31	2.03
9	华东电网	2019-01	131970055351.83	127830637289.00	4139418062.84	3.14
10	华东网损		0.00	0.00	0.00	
11	国网上海电力	2019-01	13447577471.26	13254669026.00	192908445.27	1.44
12	国网江苏电力	2019-01	49980665932.58	45723910000.00	4256755932.58	8.52
13	国网浙江电力	2019-01	34203260636.84	36920519615.00	-2717258978.16	-7.94
14	国网安徽电力	2019-01	17804795012.57	15226164067.00	2578630945.57	14.48
15	国网福建电力	2019-01	16495834788.58	16705374581.00	-209539792.42	-1.27
16	华中电网	2019-01	67657947820.78	56818308686.00	10839639134.79	16.02
17	华中网损		0.00	0.00	0.00	
18	国网湖北电力	2019-01	16794180755.22	16701992366.00	92188389.22	0.55
19	国网湖南电力	2019-01	15514066241.60	14047266767.00	1466799474.60	9.46
20	国网河南电力	2019-01	23828165311.64	26069049553.00	-2240884241.36	-9.40
21	国网江西电力	2019-01	11501203262.32	0.00	11501203262.33	100.00
22	东北电网	2019-01	435025377381.21	6826438300.00	428198939081.21	98.43
23	东北网损		0.00	0.00	0.00	
24	国网辽宁电力	2019-01	18916457258.88	0.00	18916457258.88	100.00
25	国网吉林电力	2019-01	413614072889.73	0.00	413614072889.73	100.00
26	国网黑龙江电力	2019-01	7353426974.60	6826438300.00	526988674.60	7.17

图 5－1　分区域线损查询

5.2.1 条件筛选区

分区域线损查询用于查询各单位的区域统计线损和电量。在界面左侧菜单栏选择公司，然后选择开始月份和结束月份，点击【查询】按钮，即可查看区域线损信息。线损率和电量信息可以进行明细穿透查询。

5.2.2 功能操作区

导出：点击【导出】按钮，可以导出界面展示的分区线损信息。

5.2.3 明细展示区

 小贴士

界面中"年累计线损率"指从当前年1月至所选月的损失电量之和与供电量之和的百分比。

1. 线损率

点击【线损率】按钮，进入【线损监测分析】界面，即可查看统计周期内线损率趋势信息。选择统计周期、开始月份和结束月份，点击【查询】按钮，即可查看分区线损趋势图信息，点击【分压】、【分线】、【分台区】、【分元件】按钮，即可查看统计周期内线损率信息，见图5-2。

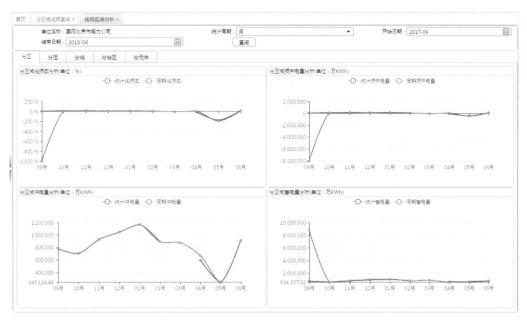

图 5-2　线损监测分析

2. 售电量

点击"售电量",进入【分压线损】界面,可以查看按电压等级展示的售电量数据,见图5−3。

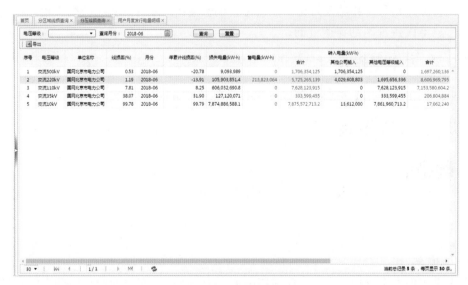

图5−3 分压线损查询

点击【分压线损查询】界面中"售电量",进入【用户月度发行电量】界面,可以查看用户信息及售电量数据等信息。该界面可输入用户编号和用户名称查看具体用户的电量信息等。点击【导出】按钮,可将所有用户信息进行导出操作;点击【标签设置】按钮,即可对用户设置标签,见图5−4。详细操作方法见3.8.2的标签设置。

图5−4 用户月度发行电量明细

1. 统计线损售电量为用户月度发行电量。
2. 统计线损的供电关口抄表例日应与统计报表中的实际的抄表例日保持一致。

3. 电厂上网

点击"电厂上网",进入【关口电量明细】界面,可以查看具体关口明细以及电量。界面底部展示所选单位电厂上网关口数量以及电厂上网关口电量合计数据。可选择关口类型、关口性质、供电单位、受电单位、日期及关口编号等信息进行精确查询。点击【导出】按钮,可对关口数据进行导出操作,见图 5-5。

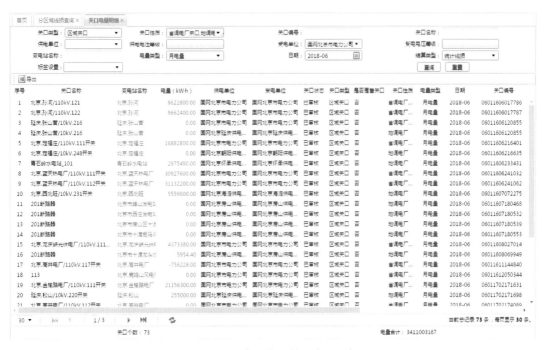

图 5-5 电厂上网关口电量明细

点击"电量",进入【关口计量点明细】界面,可查看关口对应的计量点电量以及表底数据等信息。界面展示关口计量点信息以及计量点对应的上下表底、倍率、正反向电量等信息,见图 5-6。

电厂上网电量指所选单位下所有的电厂上网关口合计电量,包括直调电厂、省调电厂、地调电厂、县调电厂上网关口的电量。

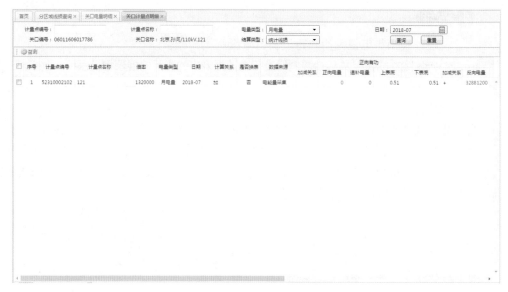

图 5-6　关口计量点明细

4. 上级供入

点击"上级供入",可以查看上级单位对本单位的供电量关口明细信息。界面底部展示所选单位上级供入关口数量以及上级供入关口电量合计数据。可选择关口类型、关口性质、供电单位、受电单位、日期及关口编号等信息进行精确查询。点击【导出】按钮,可对关口数据进行导出操作,见图 5-7。

图 5-7　上级供入关口电量明细

点击"电量",进入【关口计量点明细】界面,可查看关口对应的计量点电量以及表底数据等信息。界面展示关口计量点信息以及计量点对应的上下表底、倍率、正反向电量等信息,见图 5-8。

图 5-8　关口计量点明细

上级供入当前单位的上级单位对该单位的供电量合计。包括已配置省对地关口、地对县等关口。

5. 同级输入

点击"同级输入",可以查看同级单位对本单位的供电量关口明细信息。界面底部展示所选单位同级输入关口数量以及同级供入关口电量合计数据,可选择关口类型、关口性质、供电单位、受电单位、日期及关口编号等信息进行精确查询。点击【导出】按钮,可对关口数据进行导出操作,见图 5-9。

点击"电量",进入【关口计量点明细】界面,可查看关口对应的计量点电量以及表底数据等信息,界面展示关口计量点信息以及计量点对应的上下表底、倍率、正反向电量等信息,见图 5-10。

图 5-9　同级输入关口电量明细

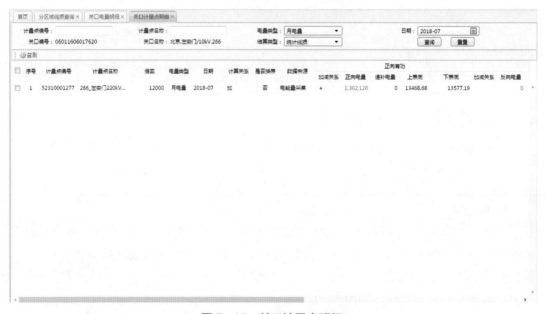

图 5-10　关口计量点明细

　　同级输入指和当前单位同级别的单位对该单位的供电量合计。包括已配置地对地关口、县对县等关口。

6. 输出

点击"输出"可以查看本单位对其他单位的输出电量关口明细信息，界面底部展示输出电量关口电量以及关口合计数据，可选择关口类型、关口性质、受电单位、日期及关口编号等信息进行精确查询，点击【导出】按钮，可对关口数据进行导出操作。见图 5-11。

图 5-11　输出电量关口明细

点击"电量"，进入【关口计量点明细】界面，可查看关口对应的计量点电量以及表底数据等信息，界面展示关口计量点信息以及计量点对应的上下表底、倍率、正反向电量等信息，见图 5-12。

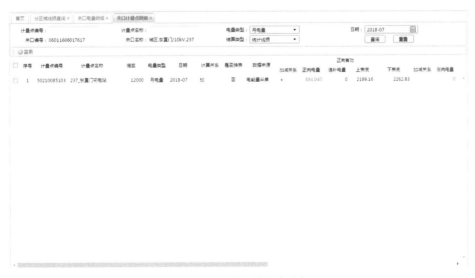

图 5-12　关口计量点明细

小贴士

输出指当前单位对其他单位的输出的所有关口电量合计。

7. 分布式电源

点击“分布式电源”，可以查看对应的电量明细数据，输入用户名称、用户编号等，点击【查询】按钮，即可查看具体的分布式电源信息，见图 5－13。

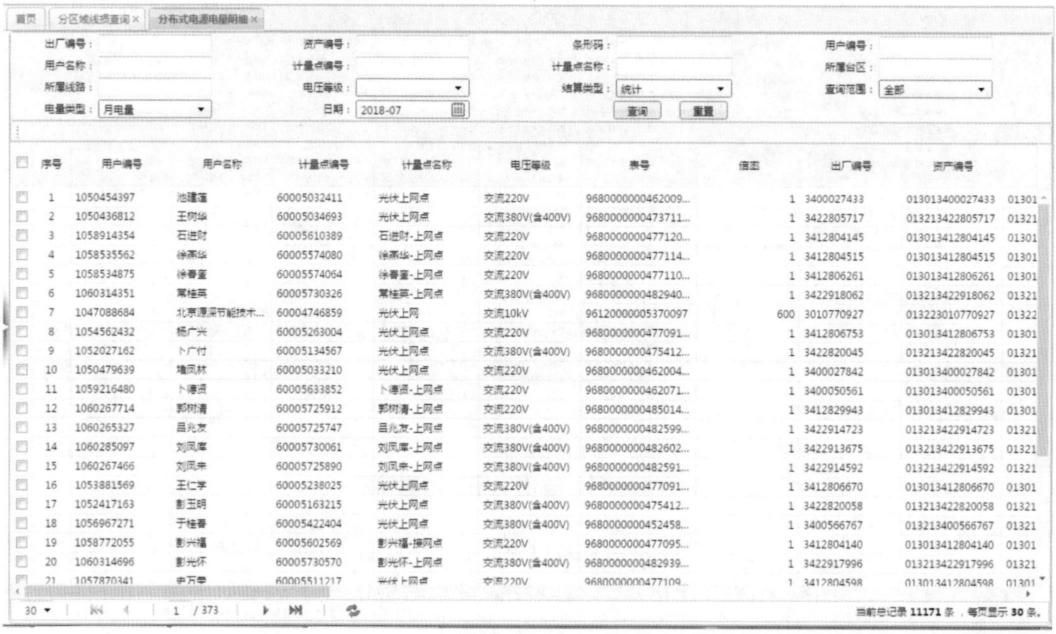

图 5－13　分布式电源

小贴士

分布式电源指所选单位所有的已配置的分布式电源用户电量合计。分布式电源计入该单位的供电量。

5.3　分区域统计网损

菜单位置：统计线损管理－分区域统计网损，见图 5－14。

小贴士

界面展示的供电量和供出电量会根据不同单位的级别展示不同的输入输出项。本节以地市单位级别为例介绍，其他单位级别操作方法与地市单位级别类似。

图 5-14　分区域统计网损

5.3.1　条件筛选区

分区域统计网损用于查询各单位区域统计网损和电量。选择开始月份、结束月份，点击【查询】按钮即可查看。点击【重置】按钮，可将已选的查询条件清空。

5.3.2　明细展示区

1. 电厂上网

点击"电厂上网"电量数据，进入【关口电量明细】界面，可查看电厂关口电量详情，见图 5-15。详细操作方法见 5.2.3 的电厂上网。

图 5-15　电厂上网关口电量明细

2. 上级供入

点击"上级供入"电量数据，进入【关口电量明细】界面，可查看上级单位对当前单位输入关口电量详情，见图5-16。详细操作方法见5.2.3的上级供入。

图5-16 上级供入关口电量明细

3. 同级输入

点击"同级输入"电量数据，进入【关口电量明细】界面，可以查看同级单位对当前单位输入关口电量详情，见图5-17。详细操作方法见5.2.3的同级输入。

图5-17 同级输入关口电量明细

4. 同级输出

点击"同级输出"电量数据，进入【关口电量明细】界面，可以查看当前单位对同级单位输出关口电量详情，见图5–18。详细操作方法见5.2.3的输出。

图 5–18　同级输出关口电量明细

5. 向下输出

点击"向下输出"电量数据，进入【关口电量明细】界面，可以查看当前单位对下级单位输出关口电量详情，见图5–19。详细操作方法见5.2.3的输出。

图 5–19　向下输出关口电量明细

5.4 分压线损查询

菜单位置：统计线损管理 – 分压线损查询，见图 5 – 20。

图 5 – 20　分压线损查询

5.4.1　条件筛选区

分压线损查询用于查询各单位按电压等级统计的线损与电量等信息。选择电压等级、查询月份，点击【查询】按钮即可。点击【重置】按钮，可将已选的查询条件清空。

5.4.2　功能操作区

导出：点击【导出】按钮，可以导出界面展示的分压关口数据信息。

5.4.3　明细展示区

1. 售电量

点击"售电量"，进入【用户月度发行电量明细】界面，可以查看该电压等级下用户的发行电量数据，该界面可输入用户编号和用户名称进行查看具体用户的电量信息等，点击【导出】按钮可将所有用户信息进行导出操作，点击【标签设置】按钮可对用户设置标签，见图 5 – 21。详细操作方法见 3.8.2 的标签设置。

图 5-21 用户月度发行电量明细

10kV 电压的售电量中包括高压用户和台区的发行电量数据；35kV 级以上其他电压等级只有高压用户发行电量数据。

2. 转入电量合计

点击"转入电量合计"，进入【关口电量明细】界面，可以查看电量明细，见图 5-22。详细操作方法见 5.2.3 的上级供入。

图 5-22 转入电量合计关口电量明细

转入电量合计中包含其他公司输入电量和本公司其他电压等级输入的电量，可在"关口电量明细"界面选择具体条件进行筛选查询。

3. 转出电量合计

　　点击"转出电量合计"，进入【关口电量明细】界面，可查看对其他单位输出关口电量明细等信息，见图 5-23。详细操作方法见 5.2.3 的输出。

图 5-23　转出电量合计关口电量明细

　　转出电量合计指本单位对其他单位相同电压等级的转出电量的合计。

4. 电厂上网

　　点击"电厂上网"，进入【关口电量明细】界面，可查看该电压等级的电厂上网关口电量明细等信息，见图 5-24。详细操作方法见 5.2.3 的电厂上网。

5. 分布式电源

　　点击"分布式电源"，进入【分布式电源电量明细】界面，可查看分布式电源电量明细等信息，见图 5-25。详细操作方法见 5.2.3 的分布式电源。

图 5-24　电厂上网关口电量明细

图 5-25　分布式电源电量明细

5.5 分线线损查询

菜单位置：统计线损管理 – 分线线损查询，见图 5–26。

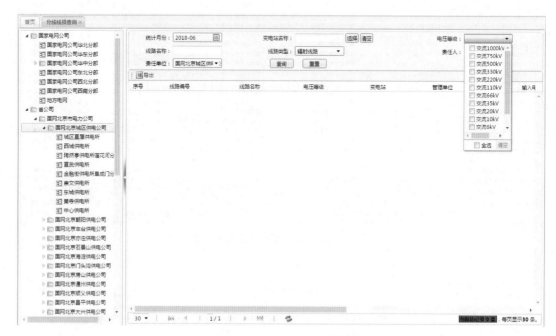

图 5–26 分线线损查询

5.5.1 条件筛选区

分线线损查询用于查询各单位线路统计线损与电量。选择日期、变电站名称、电压等级、线路名称、线路类型和责任单位等信息，点击【查询】即可查看线路统计线损。

5.5.2 功能操作区

导出：点击【导出】按钮，可以导出界面展示的线路关口数据信息。

5.6 分台区线损查询

菜单位置：统计线损管理 – 分台区线损查询，见图 5–27。

图 5-27　分台区线损查询

条件筛选区:

分台区线损查询用于查询各单位台区统计线损。可根据统计月份、台区编号、台区名称、责任单位等信息筛选查询台区统计线损。操作方法见 5.2.3。

第 6 章

同期线损查询

6.1 功 能 介 绍

同期线损查询用于用户基于电量计算与统计结果和同期线损计算对分区、分压、输电线路及配电线路、分元件进行同期线损计算和查询等操作。

6.2 同 期 月 线 损

6.2.1 区域同期月线损

菜单位置：同期线损管理–同期月线损–区域同期月线损，见图6–1。

 小 贴 士

　　界面中"年累计线损率"指从当前年1月至所选月份的损失电量之和与供电量之和的百分比。

6.2.1.1 条件筛选区

区域同期月线损用于实现各单位对区域同期月线损信息的查询。

在界面左侧选择公司，然后选择开始月份、结束月份，点击【查询】按钮，即可查询当前单位起止月份的区域同期月线损。

6.2.1.2 功能操作区

导出：点击【导出】按钮，可以导出界面展示的区域同期月线损信息。

图 6-1 区域同期月线损

6.2.1.3 明细展示区

　　界面展示的供电量和输出电量会根据不同单位的级别展示不同的输入输出项。本节以地市单位级别为例介绍，其他单位级别操作方法与地市单位级别类似。

1. 线损率

点击"线损率"，进入【线损监测分析】界面，可以查看统计周期内线损率趋势信息，选择统计周期，开始月份和结束月份，点击【查询】按钮，即可查看分区线损趋势图信息，点击【分压】、【分线】、【分台区】、【分元件】按钮可以查看统计周期内线损率信息，见图 6-2。

2. 售电量

点击"售电量"，进入【售电量明细】界面，可以查看售电量数据。可以切换查看台区和高压用户的电量明细数据，见图 6-3。详细操作方法见 5.2.3 的售电量。

3. 电厂上网

点击"电厂上网"，进入【关口电量明细】界面，可以查看电厂上网关口的明细及电量数据，界面下方展示关口数量以及关口电量合计数据，见图 6-4。

119

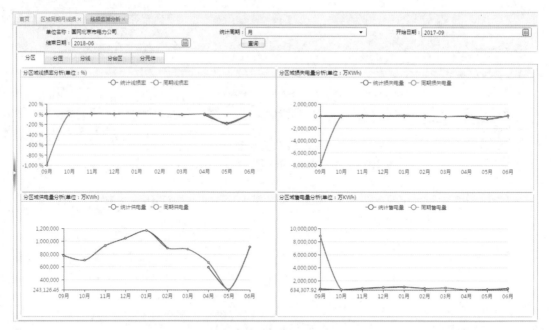

图6-2　线损监测分析

序号	台区编号	台区名称	电量(kW·h)	管理单位	日期
1	001	电网_纸厂路001柱上变压器	9733.11	流村供电所	2018-06
2	055	电网_上庄路055柱上变压器	11312.68	十三陵供电所	2018-06
3	011	电网_下店路011柱上变压器	31.1	流村供电所	2018-06
4	002	电网_西营路002柱上变压器	4363.2	兴寿供电所	2018-06
5	CPPD0206	东亚英北1#配电室_2#配电变压器	63623.37	东小口供电所	2018-06
6	090	电网_南口路090柱上变压器	1429.32	流村供电所	2018-06
7	CPPD0342	CPP124临泽路北3#配电室_2#配电变压	28808.48	小汤山供电所	2018-06
8	011	电网_沙河路011柱上变压器	32459.8	阳坊供电所	2018-06
9	CPPD0346	CPP128龙城新城B10配电室_1#变配电3	79016.79	固安观供电所	2018-06
10	CPPD0097	百邑配电室_1#配电变压器	56640.32	固安观供电所	2018-06
11	015	电网_单庄路015柱上变压器	1070.2	十三陵供电所	2018-06
12	009	电网_五分厂路009柱上变压器		南口供电所	2018-06
13	TZXB0867	电网_1#配电变压器	45121.74	郑园供电所	2018-06
14	TZPD0047	纪城3#配电室_1#配电变压器	96533.03	城区供电所	2018-06
15	025	电网_新航路023柱上变压器	31646.2	宋庄供电所	2018-06
16	018	电网_双埠头路018柱上变压器	4033.8	宋庄供电所	2018-06
17	TZXB0846	电网_2#配电变压器	47200.8	郑园供电所	2018-06
18	001	电网_蓄豪路001柱上变压器	3851.4	永顺供电所	2018-06
19	058	电网_虎村路058柱上变压器	7319.25	宋庄供电所	2018-06
20	005	电网_雅南路_雅南路TZF4003-1-2005柱		郑园供电所	2018-06
21	TZXB0537	金源一二路TZX001_2#配电变压器	50189.63	城区供电所	2018-06
22	017	电网_锅厂路017柱上变压器	5992.54	宋庄供电所	2018-06
23	037	电网_小东路006柱上变压器	6113.4	宋庄供电所	2018-06

图6-3　售电量明细

　　点击"变电站名称"，可以查看变电站详情信息；点击"电量"，进入【关口计量点明细】界面，可以查看关口计量点具体信息。界面展示关口计量点信息以及计量点对应的上下表底、倍率、正反向电量等信息，见图6-5。

图 6-4 电厂上网关口电量明细

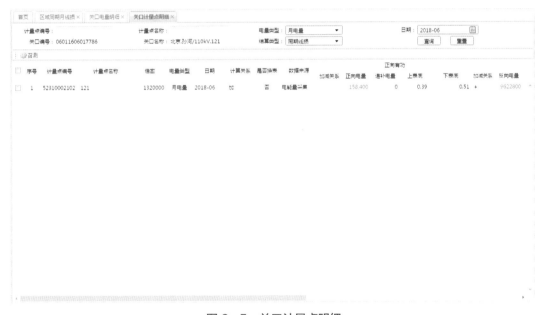

图 6-5 关口计量点明细

4. 上级供入

点击"上级供入",进入【关口电量明细】界面,可以查看上级供入关口电量明细等信息,界面下方展示关口数量以及关口电量合计数据,见图 6-6。

图6-6 上级供入关口电量明细

点击"变电站名称",可以查看变电站详情信息;点击"电量",进入【关口计量点明细】界面,可以查看关口计量点具体信息。界面展示关口计量点信息以及计量点对应的上下表底、倍率、正反向电量等信息,见图6-7。

图6-7 关口计量点明细

5. 同级输入

点击"同级输入",进入【关口电量明细】界面,可以查看同级单位输入本单位关口电量明细等信息,界面下方展示关口数量以及关口电量合计数据,见图6-8。

图6-8　同级输入关口电量明细

点击"变电站名称",可以查看变电站详情信息;点击"电量",进入【关口计量点明细】界面,可以查看关口计量点具体信息。界面展示关口计量点信息以及计量点对应的上下表底、倍率、正反向电量等信息,见图6-9。

图6-9　关口计量点明细

123

6. 输出

点击"输出",进入【关口电量明细】界面,可以查看本单位输出到其他单位的关口电量明细等信息,界面下方展示关口数量以及关口电量合计数据,见图6-10。

图6-10　输出关口电量明细

点击"变电站名称",可以查看变电站详情信息;点击"电量",进入【关口计量点明细】界面,可以查看关口计量点具体信息。界面展示关口计量点信息以及计量点对应的上下表底、倍率、正反向电量等信息,见图6-11。

图6-11　关口计量点明细

7. 分布式电源

点击"分布式电源",进入【分布式电源电量明细】界面,可以查看本单位分布式电源电量明细等信息,输入用户名称、用户编号等,点击【查询】可以查看具体的分布式电源信息,见图 6-12。

图 6-12 分布式电源电量明细

6.2.2 区域网损

菜单位置:同期线损管理 – 同期月线损 – 区域网损,见图 6-13。

图 6-13 区域网损

6.2.2.1 条件筛选区

区域网损用于实现各单位区域网损和电量的信息查询功能，选择开始月份、结束月份，点击【查询】按钮即可查看。

6.2.2.2 明细展示区

 小 贴 士

　　界面展示的供电量和输出电量会根据不同单位的级别展示不同的输入输出项。本节以地市单位级别为例介绍，其他单位级别操作方法与地市单位级类似。

1. 电厂上网

点击"电厂上网"电量数据，进入【关口电量明细】界面，可查看电厂上网关口电量详情，界面下方展示关口数量以及关口电量合计数据，见图6-14。详细操作方法见6.2.1.3的电厂上网。

图6-14　电厂上网关口电量明细

2. 上级供入

点击"上级供入"，进入【关口电量明细】界面，可以查看上级单位对本单位输入关口电量明细等信息。界面下方展示关口数量以及关口电量合计数据。详细操作方法见6.2.1.3的上级供入，见图6-15。

图 6-15　上级供入关口电量明细

3. 同级输入

点击"同级输入",进入【关口电量明细】界面,可以查看同级单位对本单位输出关口电量明细等信息。界面下方展示关口数量以及关口电量合计数据,见图 6-16。详细操作方法见 6.2.1.3 的同级输入。

图 6-16　同级输入关口电量明细

4. 同级输出

点击"同级输出",进入【关口电量明细】界面,可以查看本单位对同级单位输出关口电量明细等信息。界面下方展示关口数量以及关口电量合计数据，见图 6-17。详细操作方法见 6.2.1.3 的同级输出。

图 6-17 同级输出关口电量明细

5. 向下输出

点击"向下输出"，进入【关口电量明细】界面，可以查看本单位对下级单位输出关口电量明细等信息。界面下方展示关口数量以及关口电量合计数据，见图 6-18。详细操作方法见 6.2.1.3 的输出。

图 6-18 向下输出关口电量明细

6.2.3 分压同期月线损

菜单位置：同期线损管理 – 同期月线损 – 分压同期月线损，见图 6–19。

序号	电压等级	月份	年累计线损率(%)	线损率(%)	损失电量(kW·h)	售电量(kW·h)	供电量(kW·h)	合计	转入电量(kW·h) 其他公司输入	其他电压等级输入	合计
1	交流220kV	2018-06	-11.79	0.75	66,950,225.30	252,776,690.10	8,926,696,710.40	5,725,265,139.00	4,029,608,803.00	1,695,656,336.00	8,606,96
2	交流220kV	2018-05	-14.65	-129.25	-4,747,417,051.90	275,522,515.50	3,673,160,988.60	1,420,435,456.00	0.00	1,420,435,456.00	8,145,05
3	交流220kV	2018-04	-2.76	0.75	51,599,963.80	124,473,672.20	6,901,759,196.00	5,000,952,261.80	3,493,794,513.00	1,507,157,748.80	6,725,68
4	交流220kV	2018-03	-3.61	-12.50	-1,058,588,582.10	1,347,991,683.60	8,472,404,401.60	5,390,424,510.40	4,015,995,278.40	1,374,429,232.00	8,183,00
5	交流220kV	2018-02	0.15	-0.71	-61,340,503.80	355,649,360.00	8,638,186,516.20	5,399,851,213.20	4,050,955,269.20	1,348,895,944.00	8,343,87
6	交流220kV	2018-01		0.80	90,846,336.40	212,672,242.00	11,381,756,108.50	7,608,045,421.10	5,493,229,421.10	2,114,816,000.00	11,078,23

图 6–19 分压同期月线损

小贴士

界面中"年累计线损率"指从当前年 1 月份至所选月份的损失电量之和与供电量之和的百分比。

6.2.3.1 条件筛选区

分压同期月线损用于各单位按电压等级查询同期月线损信息的查询,可选择电压等级和起止月份对所选单位分压同期月线损进行查询。

6.2.3.2 功能操作区

导出：点击【导出】按钮，可以导出界面展示的分压同期月线损信息。

6.2.3.3 明细展示区

1. 售电量

点击"售电量"，进入【售电量明细】界面，可以查看售电量明细数据，可以输入台区和用户编号单独查询台区或者高压用户是否在售电量明细中，见图 6–20。详细操作方法见 5.2.3 的售电量。

图6-20 售电量明细

　　10kV 电压的售电量中包括高压用户和台区的发行电量数据,35kV 级以上其他电压等级只有高压用户发行电量数据。

2. 转入电量合计

点击"转入电量合计",进入【关口电量明细】界面,查看关口明细信息,转入电量合计中包括其他公司同电压等级转入的电量和本公司其他电压等级转入的电量,界面下方展示关口数量以及关口电量合计数据,见图6-21。详细操作方法见5.2.3 的上级供入。

图6-21 转入电量合计关口电量明细

3. 转出电量合计

点击"转出电量合计",进入【关口电量明细】界面,可以查看本单位向下级单位输出关口电量明细等信息,界面下方展示关口数量以及关口电量合计数据,见图 6-22。详细操作方法见 5.2.3 的输出。

图 6-22 转出电量合计关口电量明细

4. 电厂上网

点击"电厂上网",进入【关口电量明细】界面,可以查看本单位电厂上网关口电量明细等信息,界面下方展示关口数量以及关口电量合计数据,见图 6-23。详细操作方法见 5.2.3 的电厂上网。

图 6-23 电厂上网关口电量明细

5. 分布式电源

点击"分布式电源",进入【分布式电源电量明细】界面,可以查看本单位分布式电源电量明细等信息,输入用户名称、用户编号等信息后,点击【查询】按钮可以查看具体的分布式电源信息,见图6-24。

图6-24　分布式电源电量明细

6.2.4　输电线路同期月线损

菜单位置:同期线损管理-同期月线损-输电线路同期月线损,见图6-25。

图6-25　输电线路同期月线损

6.2.4.1　条件筛选区

输电线路同期月线损实现区县各层级单位对输电线路同期月线损信息与电量数据的查询。选择单位，输入线路编号、名称、起始站、终止站等信息，点击【查询】按钮即可对输电线路进行查询。

6.2.4.2　功能操作区

1. 导出

点击【导出】按钮，可以导出界面展示的输电线路同期月线损信息。

2. 异常标注

勾选一条数据，点击"异常标注"，进入【异常标注】界面，可对该线路进行标注，填写异常名称、异常内容等，点击【提交】按钮即可，见图 6-26。

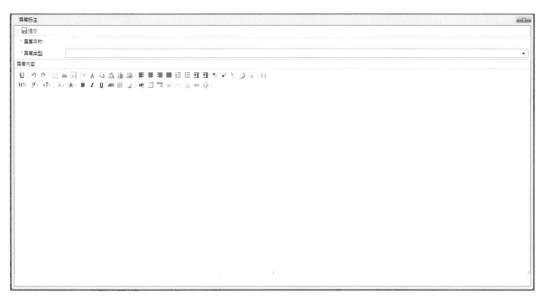

图 6-26　异常标注

3. 报备申请

点击"报备申请"，进入【报备添加】界面，可对该输电线路进行报备，点击【新增】按钮，添加相关信息保存即可，见图 6-27。

6.2.4.3　明细展示区

1. 线路名称

点击"线路名称"，进入【站内元件线损】界面，可以查看线路输入输出开关计量点信息等，还可以切换查看输入输出模型电量明细等数据，见图 6-28。

2. 起始站、终止站

点击"起始站"或"终止站"，进入【变电站详情】界面，可以查看所属变电站站内图等信息，还可以切换到【电量详情】查看电量信息，见图 6-29。

图 6-27 输电线路报备申请

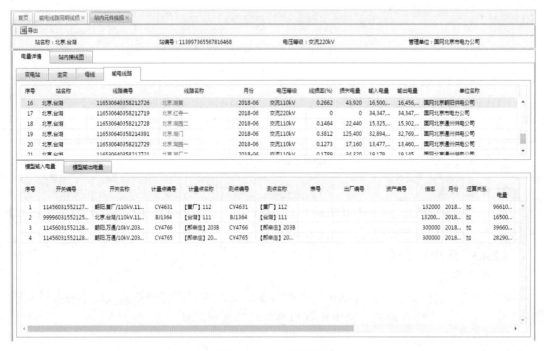

图 6-28 站内元件线损

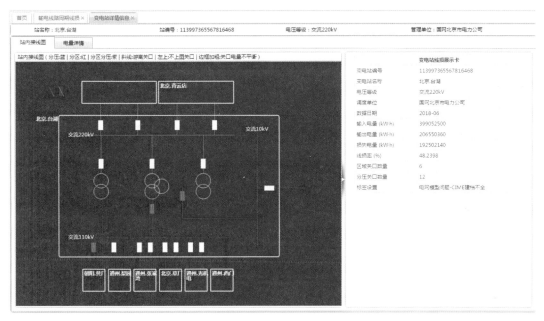

图 6-29　变电站详情

3. 线损率

点击"线损率"，进入【元件智能看板】界面，可以查看线路线损率趋势图等信息，界面上方展示输电线路详细档案信息，界面下方以列表和曲线图的方式展示线路的输入、输出电量及线损率等信息，见图 6-30。

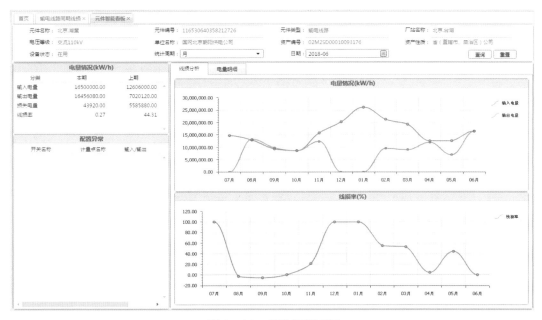

图 6-30　线路智能看板

6.2.5 分元件同期月线损

菜单位置：同期线损管理 – 同期月线损 – 分元件同期月线损，见图 6–31。

图 6–31 分元件同期月线损

6.2.5.1 条件筛选区

分元件同期月线损可实现查询本单位变电站及站内设备的同期月线损率等信息。选择管理单位、变电站名称、变电站编号等信息，点击【查询】按钮即可。

6.2.5.2 功能操作区

分元件同期日线损：选择一条数据，点击"分元件同期日线损"，可对日线损进行查询。

6.2.5.3 明细展示区

1. 变电站名称

点击"变电站名称"，进入【变电站详情信息】界面，可以查看变电站及站内信息的线损率等信息，见图 6–32。

点击"电量详情"查看电量信息，界面上方展示变电站的具体信息，下方展示输入输出电量数据以及线损率最近 12 个月电量趋势图。点击"电量明细"可以查看变电站输入输出模型电量数据。点击主变压器、母线、输电线路等信息可以查看对应的信息，操作方法与变电站一致，见图 6–33。

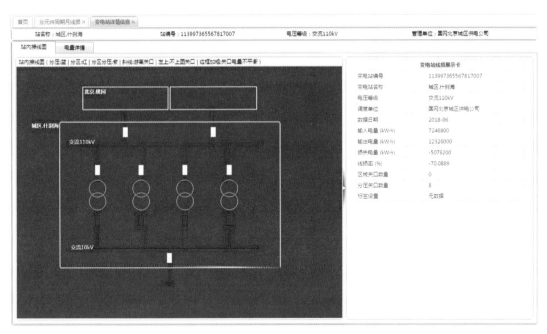

图 6-32 变电站详情信息

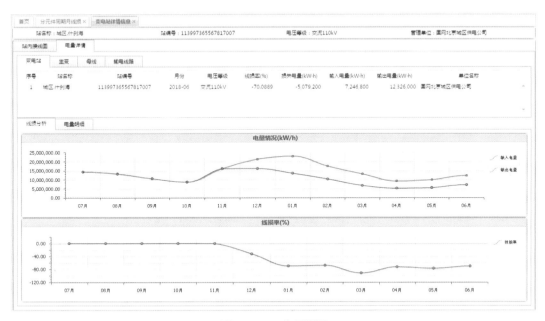

图 6-33 电量详情

2. 线损率

点击元件"线损率"进入【元件智能看板】界面，可以查看线损率信息。界面上方展示变电站详细档案信息，界面下方以列表和曲线图的方式展示线路的输入、输出电量及线损率等信息，见图 6-34。

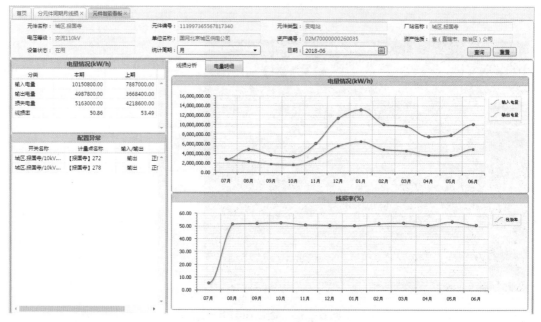

图6-34 变电站智能看板

点击"电量明细"可以查看变电站输入输出模型电量等信息，见图6-35。

图6-35 元件智能看板

6.2.6 母线平衡查询

菜单位置：同期线损管理–同期月线损–母线平衡查询，见图6–36。

图6–36 母线平衡查询

6.2.6.1 条件筛选区

母线平衡查询用于查询母线档案、母线模型输入输出电量、不平衡电量及不平衡率等信息，可根据变电站名称、电压等级、月份对母线进行筛选查询。

6.2.6.2 功能操作区

1. 导出

点击【导出】按钮，可以导出界面展示的母线平衡率信息。

2. 报备申请

点击"报备申请"，进入【报备添加】界面，可对该输电线路进行报备，点击【新增】按钮，添加相关信息保存即可，见图6–37。

6.2.6.3 明细展示区

点击下拉按钮可以查看该母线具体的输入输出等信息。"不平衡电量"是母线输入电量与母线输出电量的差，"不平衡率"是母线不平衡电量在母线输入电量中百分比。

1. 母线名称

点击"母线名称"进入【站内元件线损】界面，可以查询母线线损，点击模型输入电量、模型输出电量可查看母线输入输出电量详情信息，见图6–38。

图 6-37 母线平衡报备申请

图 6-38 站内元件线损

2. 不平衡率

点击"不平衡率"可穿透到母线【元件智能看板】界面，对输入输出明细进行查看。界面上方展示母线详细档案信息，界面下方以列表和曲线图的方式展示母线的输入、输出电量及线损率等信息。点击"电量明细"可查看母线输入输出电量详情信息，见图 6-39。

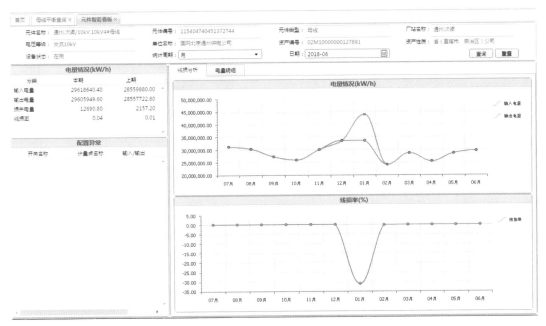

图 6-39　母线智能看板

3. 变电站详情信息

点击"变电站名称",进入【变电站详情信息】界面,可以查看变电站的母线、主变压器、开关输配电线路等站内信息以及设备拓扑关系,界面左侧"变电站展示卡"展示变电站的名称、编号等详细信息,见图 6-40。详细操作方法见 3.4.3 的变电站详情信息。

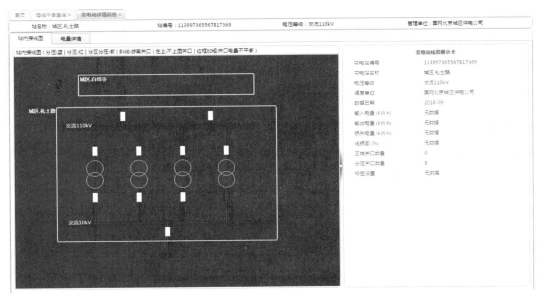

图 6-40　变电站详情信息

6.2.7 配电线路同期月线损

菜单位置：同期线损管理－同期月线损－配电线路同期月线损，见图6－41。

图6－41 配电线路同期月线损

6.2.7.1 条件筛选区

配电线路同期月线损实现查询区县各层级单位的配电线路同期月线损信息与电量穿透数据，可根据线路名称、线路编号、线路类型、资产性质等条件对配电线路线损进行查询。

6.2.7.2 功能操作区

1. 导出

点击【导出】按钮，可以导出界面展示的配电线路线损率等信息。

2. 异常标注

点击【异常标注】按钮，进入【异常标注】界面，可对该线路进行标注，填写异常名称、异常内容等，点击【提交】按钮即可，见图6－42。

3. 报备申请

点击【报备申请】按钮，进入【报备添加】界面，可对该配电线路进行报备，点击【新增】按钮，添加相关信息保存即可，见图6－43。

4. 全量导出

点击【全量导出】按钮，可以导出本单位以及下级单位的配电线路线损率等信息。

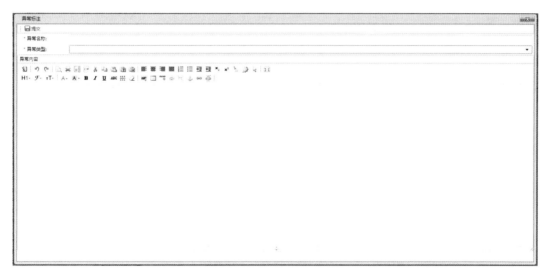

图6-42　异常标注

图6-43　配电线路报备申请

5. 异常分析

选择一条线路，点击【异常分析】按钮，可对线路异常情况进行分析操作。如线路有异常进入对应的【异常分析】界面，没有异常则提示"该线路未发现异常"，见图6-44。

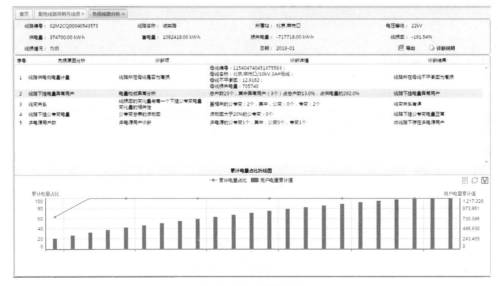

图6-44 异常分析

6. 重新计算

点击【重新计算】按钮，可以配电线路电量、线损率等进行重新计算。

6.2.7.3 明细展示区

1. 线路名称

点击"线路名称"进入【线路智能看板】界面，可以查看线路线损率趋势图等信息。界面上方展示输电线路详细档案信息，界面下方以列表和曲线图的方式展示线路的输入、输出电量及线损率等信息，见图6-45。

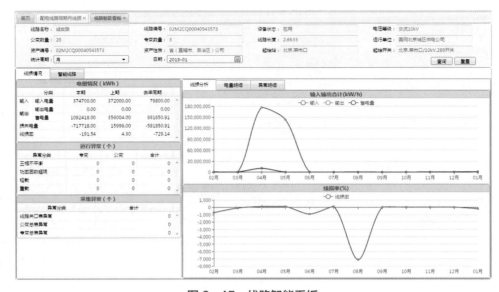

图6-45 线路智能看板

2. 变电站名称

点击"变电站名称",进入【变电站详情信息】界面,可查看该线路所属变电站详细信息,点击"电量详情"可以查看电量信息,见图6-46。

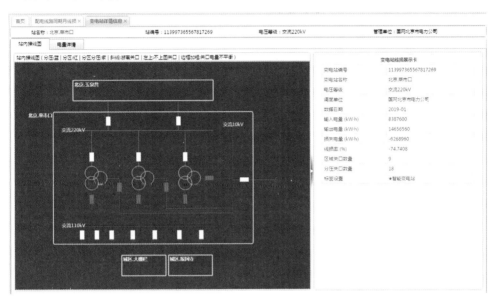

图6-46 变电站详情信息

3. 输入电量、输出电量

点击"输入电量"或"输出电量",进入【线路关口一览表】界面,可查看关口电量信息。界面展示输入输出关口计量点信息,见图6-47。

图6-47 线路关口一览表

3. 售电量

点击"售电量"进入【线路售电量明细】界面，可查看线路售电量明细信息。界面可进行导出操作，方便电量核对，点击表底异常、档案异常可查看对应的异常信息，见图6-48。

图6-48　线路售电量明细

6.2.8　分台区同期月线损

菜单位置：同期线损管理–同期月线损–分台区同期月线损，见图6-49。

图6-49　分台区同期月线损

6.2.8.1　条件筛选区

分台区同期月线损用于实现查询各层级单位的台区同期月线损信息。选择台区所属单位，填写台区编号、台区名称、月份等信息，点击【查询】按钮即可。

6.2.8.2　功能操作区

1. 导出

点击【导出】按钮，可以导出界面展示的台区同期线损率等信息。

2. 异常标注

详细操作方法见 6.2.7.2 的异常标注。

3. 报备申请

详细操作方法见 6.2.7.2 的报备申请。

4. 异常分析

详细操作方法见 6.2.7.2 的异常分析。

5. 全量导出

详细操作方法见 6.2.7.2 的全量导出。

6. 重新计算

详细操作方法见 6.2.7.2 的重新计算。

6.2.8.3　明细展示区

1. 台区名称

点击"台区名称"，进入【台区智能看板】界面，可查看台区档案、线损率等详细信息。界面上方展示台区档案信息，界面下方展示台区电量信息和线损率信息等，点击"电量明细""异常明细""档案异常"可查看具体信息，见图 6-50。

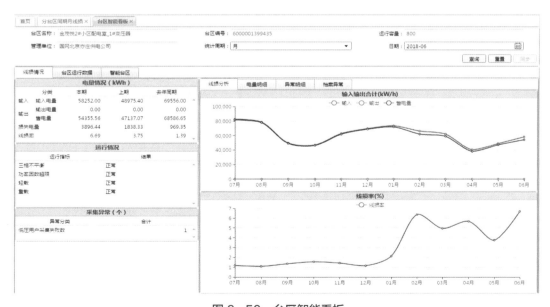

图 6-50　台区智能看板

2. 所属线路

点击台区"所属线路",进入【线路智能看板】界面,可查看线路信息。界面上方展示输电线路详细档案信息,界面下方以列表和曲线图的方式展示线路的输入、输出电量及线损率等信息,见图6-51。

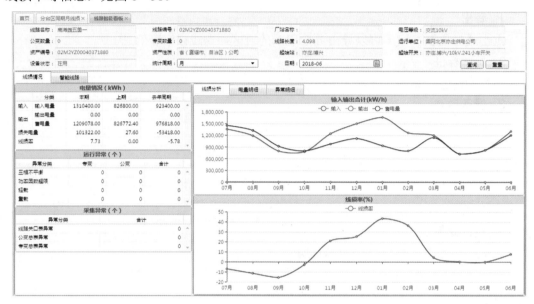

图6-51 线路智能看板

3. 输入电量

点击台区"输入电量",进入【台区输入电量明细】界面,可查看输入电量明细,见图6-52。

图6-52 台区输入电量明细

4. 输出电量

点击"输出电量",进入【台区输出电量明细】界面,操作方法与输入电量一致。

5. 售电量

点击台区"售电量",进入【台区售电量明细】界面,可查看台区售电量信息,可对台区售电量明细进行导出核对电量。选择一条明细,界面下方可查看对应的电能表信息,见图 6–53。

图 6–53 台区售电量明细

6.2.9 400V 分压线损

菜单位置:同期线损管理–同期月线损–400V 分压线损,见图 6–54。

6.2.9.1 条件筛选区

400V 分压线损用于实现查询各层级单位的 400V 分压线损信息。点击界面左侧"管理单位",可以穿透到下级单位,方便查询各级单位 400V 分压线损信息。

6.2.9.2 功能操作区

1. 导出

点击【导出】按钮,可以导出界面展示的 400V 分压同期线损率等信息。

2. 返回

点击【返回】按钮,返回上级单位,可以查看上级单位的 400V 分压同期线损率等信息。

首页 | 400V分压线损 × | 总表电量明细 ×

月份：2018-06

导出 | 返回

序号	管理单位	线损率	供电量	输入电量			输出电量		售电量
				合计	台区总表电量	分布式电源上网电量	合计	台区总表上网电量	
1	国网北京城区供电公司	-47.99	187523226.17	187523226.17	187523226.17	0	637437.9	637437.9	276874487.64
2	国网北京朝阳供电公司	13.59	511897686.23	511897686.23	511885082.25	12603.98	472154.5	472154.5	441882042.85
3	国网北京丰台供电公司	3.32	251679753.65	251679753.65	251576594.2	103159.45	46175.3	46175.3	243285077.04
4	国网北京亦庄供电公司	-5.48	25139407.5	25139407.5	25139407.5	0	69	69	26517884.87
5	国网北京石景山供电公司	6.79	58592599.51	58592599.51	58592599.51	0	79402.4	79402.4	54533653.65
6	国网北京海淀供电公司	5.32	264472478.35	264472478.35	264472478.35	0	14008.3	14008.3	250399990.46
7	国网北京门头沟供电公司	4.13	39193105.91	39193105.91	39193105.91	0	17931.75	17931.75	37557503.7
8	国网北京房山供电公司	3.4	123654660.45	123654660.45	123182864.93	471795.52	668531.99	668531.99	118776059.72
9	国网北京通州供电公司	4.67	197486552.32	197486552.32	196223581.35	1262970.97	440679.8	440679.8	187815202.14
10	国网北京顺义供电公司	15.65	166307916.99	166307916.99	165350472.44	957444.55	248534.91	248534.91	140040035.82
11	国网北京昌平供电公司	4.99	236733614.2	236733614.2	236733614.2	0	1604437.7	1604437.7	223320603.47
12	国网北京大兴供电公司	10.81	187053148.32	187053148.32	186848252.3	204896.02	217072.45	217072.45	166614528.44
13	国网北京怀柔供电公司	4.02	58823531.69	58823531.69	58732633.01	90898.68	94427.87	94427.87	56363895.69
14	国网北京平谷供电公司	4.14	57060312.85	57060312.85	56223181.39	837131.46	81326.1	81326.1	54618567.44
15	国网北京密云供电公司	1.84	58685228.72	58685228.72	58600517.47	84711.25	126535.59	126535.59	57476506.57
16	国网北京延庆供电公司	11.39	32286928.77	32286928.77	32286928.77	0	157308.75	157308.75	28452694.71

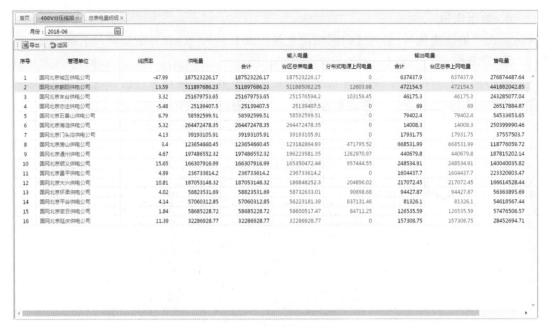

图 6-54　400V 分压线损

6.2.9.3　明细展示区

1. 台区总表电量

点击“台区总表电量”，进入【总表电量明细】界面，可查看到台区总表电量明细。可输入“台区编号”等信息查询具体的数据，便于对 400V 分压线损进行分析，见图 6-55。

首页 | 400V分压线损 × | 总表电量明细 ×

台区编号：　台区名称：　计量点编号：　计量点名称：

日期类型：月　日期：2018-06　表号：　出厂编号：

资产编号：　查询

导出

序号	台区编号	台区名称	计量点编号	计量点名称	表号	出厂编号	资产编号	倍率	日期	正向上表底	正向下表底
1	002	电网_小红门路002...	60002690201	左安门站小红门路...	96120000001...	3003042636	01321300304...	80	2018-06	7009.87	7160.89
2	003	电网_小红门路003...	60002690600	左安门站小红门路...	96120000001...	3003042401	01321300304...	80	2018-06	5802.37	5932.87
3	004	电网_小红门路004...	60002691500	小红门路	96120000001...	3003042657	01321300304...	80	2018-06	11573.26	11733.33
4	005	电网_小红门路005...	60002691700	小红门路	96120000001...	3003042286	01321300304...	100	2018-06	1286.02	1411.65
5	006	电网_小红门路006...	60002691900	小红门路	96120000001...	3003042702	01321300304...	100	2018-06	5471.17	5588.81
6	017	电网_小红门路017...	50310398267	小红门站小红门路...	96800000004...	3010792711	01321301079...	100	2018-06	9488.82	9630.34
7	012	电网_小红门路012...	60001827501	左安门站小红门路...	96120000002...	3003037014	01321300303...	100	2018-06	1721	1758.11
8	005	电网_石板房路005...	60002205600	石板房路005柱上...	96120000001...	3003043345	01321300304...	100	2018-06	21116.98	21189.16
9	014	电网_田家洼路014...	60003956348	王四营站田家洼路...	96800000004...	3010800141	01321301080...	120	2018-06	11089.27	11217.14
10	009	电网_东店路024柱...	60003984320	东店路024柱上变...	96800000004...	3010791854	01321301079...	100	2018-06	308.64	318.31
11	003	电网_田家洼路003...	60003934320	王四营站田家洼路...	96800000004...	3010793136	01321301079...	100	2018-06	11703.16	11882.86
12	001	电网_高西店路001...	60004282031	高西店路001号柱...	96800000004...	3150509316	01321315050...	100	2018-06	14484.48	14516.59
13	002	电网_高西店路002...	60004282192	高西店路002柱上...	96800000004...	3150509300	01321315050...	100	2018-06	15382.93	15484.89
14	003	电网_高西店路003...	60004282194	高西店路003号柱...	96800000004...	3150509121	01321315050...	120	2018-06	17446.17	17727.06
15	006	电网_深沟路009柱...	60004282206	深沟路009柱上变...	96800000004...	3150509261	01321315050...	100	2018-06	8792.87	8819.66
16	003	电网_胜古路003柱...	60003767103	太阳宫站胜古路00...	96120000001...	3003043374	01321300304...	100	2018-06	21052.92	21502.68
17	004	电网_胜古路004柱...	60003767200	胜古路004柱上变...	96120000001...	3003043309	01321300304...	120	2018-06	23366.04	23912.7
18	007	电网_胜古路007柱...	60003767301	胜古路007柱上变...	96120000001...	3003043276	01321300304...	100	2018-06	23128.88	23679.01
19	009	电网_胜古路009柱...	60003767403	胜古路009柱上变...	96120000001...	3003043304	01321300304...	100	2018-06	16541.52	16935.87
20	CYX050	电网_CYX050-1#...	60004392521	CYX050和平里精...	96800000004...	3400569988	01321340056...	200	2018-06	5379.34	5545.5
21	032	电网_青年沟路011...	60003767709	太阳宫站青年沟路...	96120000001...	3003042348	01321300304...	100	2018-06	26698.8	27213.35
22	001	电网_坝河西路001...	60004067501	太阳宫坝河西路00...	96800000004...	3010797146	01321301079...	120	2018-06	16051.69	16419.94

30　1 / 387　当前总记录 11599 条，每页显示 30 条。

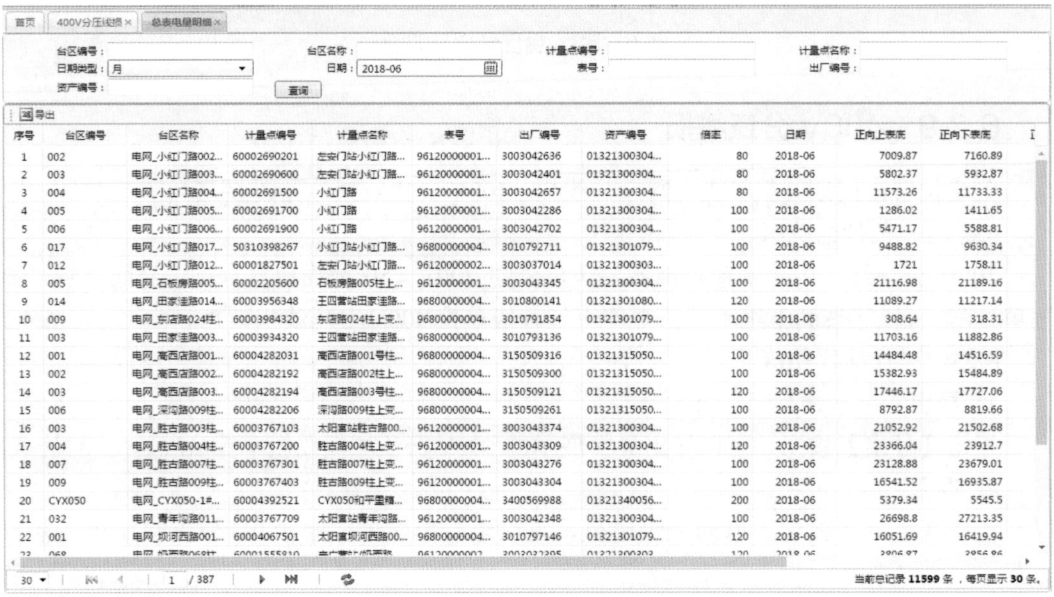

图 6-55　总表电量明细

2. 分布式电源上网电量

点击“分布式电源上网电量”，进入【分布式电源上网电量明细】界面，可查看分布式电源明细信息，可输入“用户编号”等信息查询具体的数据，见图 6－56。

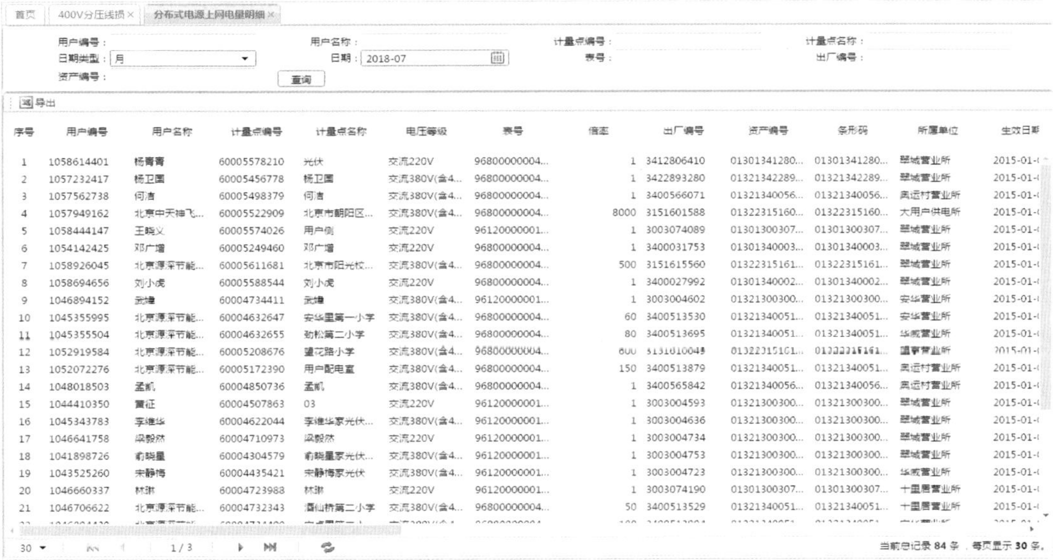

首页　400V分压线损 ×　分布式电源上网电量明细 ×

用户编号：　用户名称：　计量点编号：　计量点名称：
日期类型：月　日期：2018-07　表号：　出厂编号：
资产编号：　查询

导出

序号	用户编号	用户名称	计量点编号	计量点名称	电压等级	表号	倍率	出厂编号	资产编号	条形码	所属单位	生效日期
1	1058614401	杨青青	60005578210	光伏	交流220V	96800000004...	1	3412806410	01301341280...	01301341280...	翠城营业所	2015-01-(
2	1057232417	杨卫国	60005456778	杨卫国	交流380V(含4...	96800000004...	1	3422893280	01321342289...	01321342289...	翠城营业所	2015-01-(
3	1057562738	何洁	60005498379	何洁	交流380V(含4...	96800000004...	1	3400566071	01321340056...	01321340056...	奥运村营业所	2015-01-(
4	1057949162	北京中天神飞...	60005522909	北京市朝阳区...	交流380V(含4...	96800000004...	8000	3151601588	01322315160...	01322315160...	大用户供电所	2015-01-(
5	1058444147	王晓义	60005574026	用户侧	交流220V	96120000001...	1	3003074089	01301300307...	01301300307...	翠城营业所	2015-01-(
6	1054142425	邓广增	60005249460	邓广增	交流220V	96800000004...	1	3400031753	01301340003...	01301340003...	翠城营业所	2015-01-(
7	1058926045	北京源深节能...	60005611681	北京市阳光校...	交流380V(含4...	96800000004...	500	3151615560	01322315161...	01322315161...	翠城营业所	2015-01-(
8	1058694656	刘小虎	60005588544	刘小虎	交流220V	96800000004...	1	3400027992	01301340002...	01301340002...	翠城营业所	2015-01-(
9	1046894152	武煒	60004734411	武煒	交流380V(含4...	96120000001...	1	3003004602	01321300300...	01321300300...	安华营业所	2015-01-(
10	1045355995	北京源深节能...	60004632647	安华里第一小学	交流380V(含4...	96800000004...	60	3400513530	01321340051...	01321340051...	安华营业所	2015-01-(
11	1045355504	北京源深节能...	60004632655	劲松第二小学	交流380V(含4...	96800000004...	80	3400513695	01321340051...	01321340051...	华威营业所	2015-01-(
12	1052919584	北京源深节能...	60005208676	望花路小学	交流380V(含4...	96800000004...	600	3151610048	01322315161...	01322315161...	望京营业所	2015-01-(
13	1052072276	北京源深节能...	60005172390	用户配电室	交流380V(含4...	96800000004...	150	3400513879	01321340051...	01321340051...	奥运村营业所	2015-01-(
14	1048018503	孟凯	60004850736	孟凯	交流380V(含4...	96800000004...	1	3400565842	01321340056...	01321340056...	奥运村营业所	2015-01-(
15	1044410350	黄征	60004507863	03	交流220V	96120000001...	1	3003004593	01321300300...	01321300300...	翠城营业所	2015-01-(
16	1045343783	李维华	60004622044	李维华家光伏...	交流380V(含4...	96120000001...	1	3003004636	01321300300...	01321300300...	翠城营业所	2015-01-(
17	1046641758	梁毅然	60004710973	梁毅然	交流220V	96120000001...	1	3003004734	01321300300...	01321300300...	翠城营业所	2015-01-(
18	1041898726	俞晓星	60004304579	俞晓星家光伏...	交流380V(含4...	96120000001...	1	3003004753	01321300300...	01321300300...	翠城营业所	2015-01-(
19	1043525260	宋静梅	60004435421	宋静梅家光伏	交流380V(含4...	96120000001...	1	3003004723	01321300300...	01321300300...	华威营业所	2015-01-(
20	1046660337	林琳	60004723988	林琳	交流220V	96120000001...	1	3003074190	01301300307...	01301300307...	十里居营业所	2015-01-(
21	1046706622	北京源深节能...	60004732343	酒仙桥第二小学	交流380V(含4...	96800000004...	50	3400513529	01321340051...	01321340051...	十里居营业所	2015-01-(

30　1/3　当前总记录 84 条，每页显示 30 条。

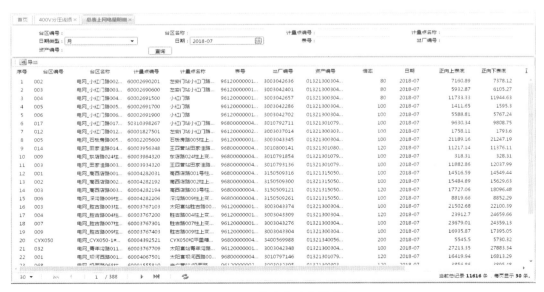

图 6－56　分布式电源上网电量明细

3. 台区总表上网电量

点击“台区总表上网电量”，可以进入【总表上网电量明细】界面，可查看台区总表上网电量明细，可输入“台区编号”等信息查询具体的数据，见图 6－57。

首页　400V分压线损 ×　总表上网电量明细 ×

台区编号：　台区名称：　计量点编号：　计量点名称：
日期类型：月　日期：2018-07　表号：　出厂编号：
资产编号：　查询

导出

序号	台区编号	台区名称	计量点编号	计量点名称	表号	出厂编号	资产编号	倍率	日期	正向上表底	正向下表底
1	002	电网_小红门路002...	60002690201	左安门站小红门路...	96120000001...	3003042636	01321300304...	80	2018-07	7160.89	7378.12
2	003	电网_小红门路003...	60002690600	左安门站小红门路...	96120000001...	3003042401	01321300304...	80	2018-07	5932.87	6105.27
3	004	电网_小红门路004...	60002691500	小红门路	96120000001...	3003042657	01321300304...	80	2018-07	11733.33	11944.63
4	005	电网_小红门路005...	60002691700	小红门路	96120000001...	3003042286	01321300304...	100	2018-07	1411.65	1595.3
5	006	电网_小红门路006...	60002691900	小红门路	96120000001...	3003042702	01321300304...	100	2018-07	5588.81	5767.24
6	017	电网_小红门路017...	50310398267	小红门站小红门路...	96800000004...	3010792711	01321301079...	100	2018-07	9630.34	9808.75
7	012	电网_小红门路012...	60001827501	左安门站小红门路...	96120000002...	3003037014	01321300303...	100	2018-07	1758.11	1793.6
8	005	电网_石板房路005...	60002205600	石板房路005柱上...	96120000001...	3003043345	01321300304...	100	2018-07	21189.16	21247.19
9	014	电网_田家洼路014...	60003956348	王四营站田家洼路...	96800000004...	3010800141	01321301080...	120	2018-07	11217.14	11376.11
10	009	电网_东店路024柱...	60003984320	东店路024柱上变...	96800000004...	3010791854	01321301079...	100	2018-07	318.31	328.31
11	003	电网_田家洼路003...	60003934320	王四营站田家洼路...	96800000004...	3010793136	01321301079...	100	2018-07	11882.86	12037.99
12	001	电网_高西店路001...	60004282031	高西店路001号柱...	96800000004...	3150509316	01321315050...	100	2018-07	14516.59	14549.44
13	002	电网_高西店路002...	60004282192	高西店路002柱上...	96800000004...	3150509300	01321315050...	100	2018-07	15484.89	15629.63
14	003	电网_高西店路003...	60004282194	高西店路003号柱...	96800000004...	3150509121	01321315050...	120	2018-07	17727.06	18096.48
15	006	电网_深沟路009柱...	60004282206	深沟路009柱上变...	96800000004...	3150509261	01321315050...	100	2018-07	8819.66	8852.29
16	003	电网_驻古路003柱...	60003767103	太阳宫站驻古路00...	96120000001...	3003043374	01321300304...	100	2018-07	21502.68	22100.39
17	004	电网_驻古路004柱...	60003767200	驻古路004柱上变...	96120000001...	3003043309	01321300304...	120	2018-07	23912.7	24659.66
18	007	电网_驻古路007柱...	60003767301	驻古路007柱上变...	96120000001...	3003043276	01321300304...	100	2018-07	23679.01	24359.13
19	009	电网_驻古路009柱...	60003767403	驻古路009柱上变...	96120000001...	3003043304	01321300304...	100	2018-07	16935.87	17395.05
20	CYX050	电网_CYX050-1#...	60004392521	CYX050和平里精...	96800000004...	3400569988	01321340056...	200	2018-07	5545.5	5730.32
21	032	电网_青年沟路011...	60003767709	太阳宫站青年沟路...	96120000001...	3003042348	01321300304...	100	2018-07	27213.35	27883.34
22	001	电网_坝河西路001...	60004067501	太阳宫坝河西路00...	96800000004...	3010797146	01321301079...	120	2018-07	16419.94	16813.29

30　1 / 388　当前总记录 11616 条，每页显示 30 条。

图 6－57　总表上网电量明细

6.3 同 期 日 线 损

6.3.1 区域同期日线损

菜单位置：同期线损管理－同期日线损－区域同期日线损，见图6－58。

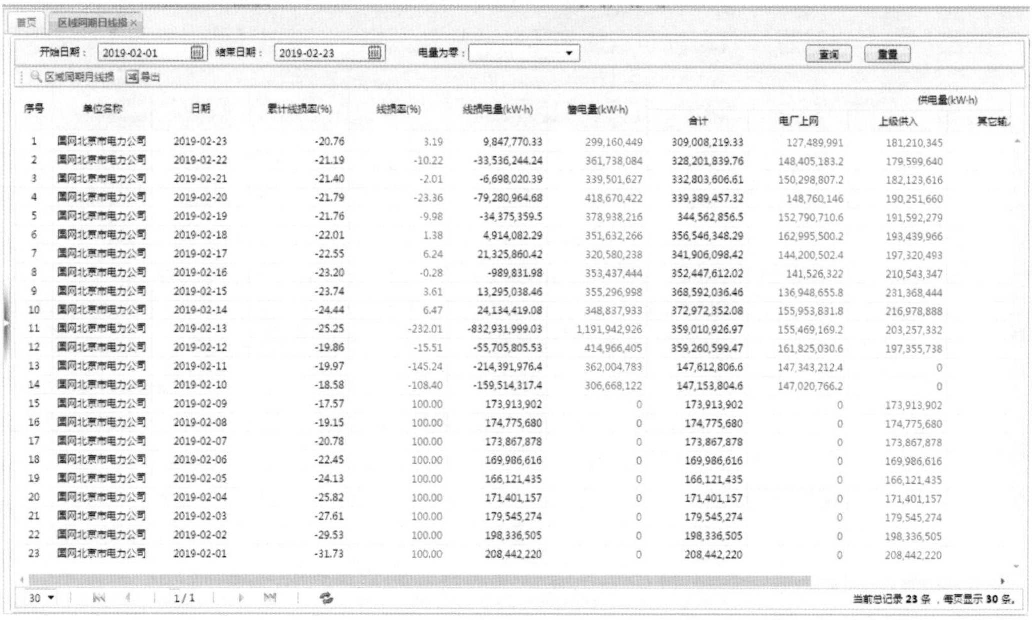

序号	单位名称	日期	累计线损率(%)	线损率(%)	线损电量(kW·h)	售电量(kW·h)	供电量(kW·h)			
							合计	电厂上网	上级供入	其它输
1	国网北京市电力公司	2019-02-23	-20.76	3.19	9,847,770.33	299,160,449	309,008,219.33	127,489,991	181,210,345	
2	国网北京市电力公司	2019-02-22	-21.19	-10.22	-33,536,244.24	361,738,084	328,201,839.76	148,405,183.2	179,599,640	
3	国网北京市电力公司	2019-02-21	-21.40	-2.01	-6,698,020.39	339,501,627	332,803,606.61	150,298,807.2	182,123,616	
4	国网北京市电力公司	2019-02-20	-21.79	-23.36	-79,280,964.68	418,670,422	339,389,457.32	148,760,146	190,251,660	
5	国网北京市电力公司	2019-02-19	-21.76	-9.98	-34,375,359.5	378,938,216	344,562,856.5	152,790,710.6	191,592,279	
6	国网北京市电力公司	2019-02-18	-22.01	1.38	4,914,082.29	351,632,266	356,546,348.29	162,995,500.2	193,439,966	
7	国网北京市电力公司	2019-02-17	-22.55	6.24	21,325,860.42	320,580,238	341,906,098.42	144,200,502.4	197,320,493	
8	国网北京市电力公司	2019-02-16	-23.20	-0.28	-989,831.98	353,437,444	352,447,612.02	141,526,322	210,543,347	
9	国网北京市电力公司	2019-02-15	-23.74	3.61	13,295,038.46	355,296,998	368,592,036.46	136,948,655.8	231,368,444	
10	国网北京市电力公司	2019-02-14	-24.44	6.47	24,134,419.08	348,837,933	372,972,352.08	155,953,831.8	216,978,888	
11	国网北京市电力公司	2019-02-13	-25.25	-232.01	-832,931,999.03	1,191,942,926	359,010,926.97	155,469,169.2	203,257,332	
12	国网北京市电力公司	2019-02-12	-19.86	-15.51	-55,705,805.53	414,966,405	359,260,599.47	161,825,030.6	197,355,738	
13	国网北京市电力公司	2019-02-11	-19.97	-145.24	-214,391,976.4	362,004,783	147,612,806.6	147,343,212.4	0	
14	国网北京市电力公司	2019-02-10	-18.58	-108.40	-159,514,317.4	306,668,122	147,153,804.6	147,020,766.2	0	
15	国网北京市电力公司	2019-02-09	-17.57	100.00	173,913,902	0	173,913,902	0	173,913,902	
16	国网北京市电力公司	2019-02-08	-19.15	100.00	174,775,680	0	174,775,680	0	174,775,680	
17	国网北京市电力公司	2019-02-07	-20.78	100.00	173,867,878	0	173,867,878	0	173,867,878	
18	国网北京市电力公司	2019-02-06	-22.45	100.00	169,986,616	0	169,986,616	0	169,986,616	
19	国网北京市电力公司	2019-02-05	-24.13	100.00	166,121,435	0	166,121,435	0	166,121,435	
20	国网北京市电力公司	2019-02-04	-25.82	100.00	171,401,157	0	171,401,157	0	171,401,157	
21	国网北京市电力公司	2019-02-03	-27.61	100.00	179,545,274	0	179,545,274	0	179,545,274	
22	国网北京市电力公司	2019-02-02	-29.53	100.00	198,336,505	0	198,336,505	0	198,336,505	
23	国网北京市电力公司	2019-02-01	-31.73	100.00	208,442,220	0	208,442,220	0	208,442,220	

图6－58　区域同期日线损

6.3.1.1　条件筛选区

区域同期日线损用于实现各单位对区域同期日线损信息的查询。在界面左侧选择公司，填入开始、结束月份，点击【查询】按钮即可查询当前单位起止月份的区域同期线损。

6.3.1.2　功能操作区

导出：点击【导出】按钮，可以导出界面展示的区域同期月线损信息。

6.3.1.3　明细展示区

1．线损率

点击【线损率】按钮，进入【线损监测分析】界面，可以查看统计周期内线损率趋势信息。选择统计周期、开始月份和结束月份，点击【查询】按钮，即可查看分区线损趋势图信息，点击【分压】、【分线】、【分台区】、【分元件】按钮可以查看统计周期内线损率信息，见图6－59。详细操作方法见6.2.1.3的线损率。

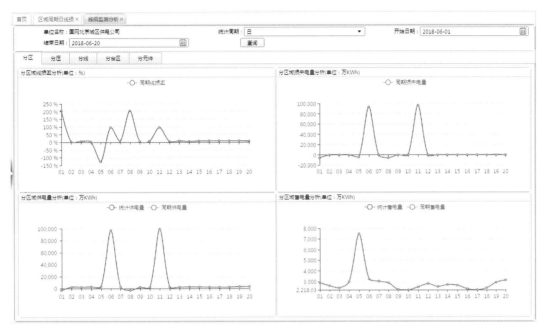

图 6-59　线损监测分析

2. 售电量

点击"售电量"，进入【售电量明细】界面，可以查看售电量数据，可以切换查看台区和高压用户的电量明细数据，见图 6-60。详细操作方法见 6.2.1.3 的"售电量"。

图 6-60　公用专用变压器售电量明细

3. 电厂上网

点击"电厂上网",进入【关口电量明细】界面,可以查看电厂上网关口的明细及电量数据,界面下方展示关口数量以及关口电量合计数据,点击"变电站名称"可以查看变电站详情信息,见图6-61。详细操作方法见6.2.1.3的电厂上网。

图6-61 电厂上网关口电量明细

4. 上级供入

点击"上级供入",进入【关口电量明细】界面,可以查看上级供入关口电量明细等信息。界面下方展示关口数量以及关口电量合计数据,点击"变电站名称"可以查看变电站详情信息,见图6-62。详细操作方法见6.2.1.3的上级供入。

图6-62 上级供入关口电量明细

5. 同级输入

点击"同级输入",进入【关口电量明细】界面,可以查看同级单位输入本单位关口电量明细等信息。界面下方展示关口数量以及关口电量合计数据,见图6-63。详细操作方法见6.2.1.3的同级输入。

图6-63　同级输入关口电量明细

6. 输出

点击"输出",进入【关口电量明细】界面,可以查看本单位输出到其他单位的关口电量明细等信息。界面下方展示关口数量以及关口电量合计数据,见图6-64。详细操作方法见6.2.1.3的输出。

图6-64　输出关口电量明细

7. 分布式电源

点击"分布式电源",进入【分布式电源电量明细】界面,可以查看本单位分布式电源电量明细等信息。输入用户名称、用户编号等信息,再点击【查询】按钮可以查看具体的分布式电源信息,见图 6-65。详细操作方法见 6.2.1.3 的分布式电源。

图 6-65　分布式电源电量明细

6.3.2　分压同期日线损

菜单位置:同期线损管理-同期日线损-分压同期日线损,见图 6-66。

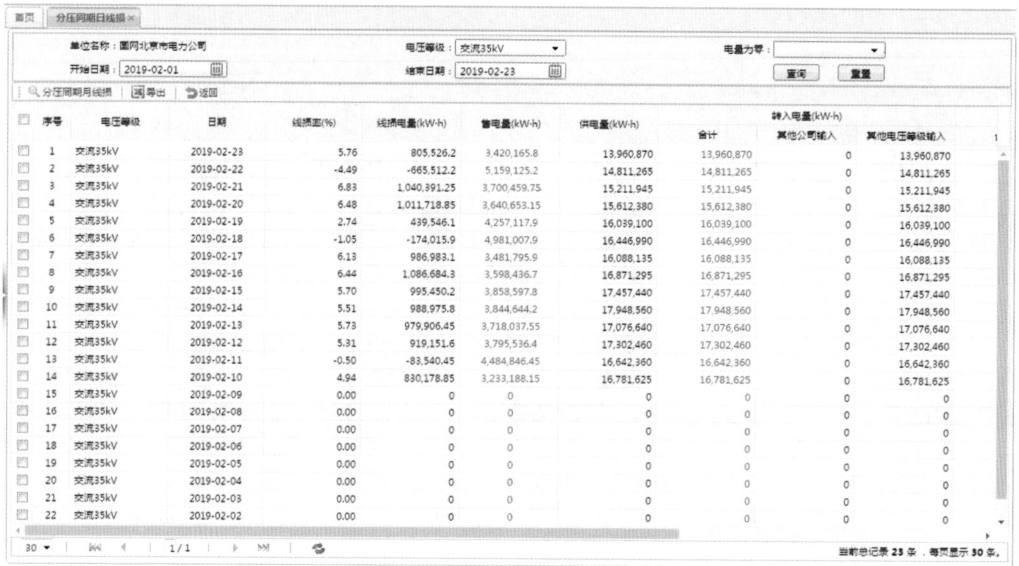

图 6-66　分压同期日线损

6.3.2.1 条件筛选区

分压同期日线损用于实现各单位对分压同期日线损信息的查询,可根据电压等级和起止月份对所选单位分压同期日线损进行查询。

6.3.2.2 功能操作区

导出:点击【导出】按钮,可以导出界面展示的分压同期月线损信息。

6.3.2.3 明细展示区

1. 售电量

点击"售电量",进入【售电量明细】界面,可以查看售电量明细数据,可以输入台区和用户编号单独查询台区或者高压用户是否在售电量明细中,见图 6-67。详细操作方法见 6.2.3.3 的售电量。

图 6-67 公用变压器售电量明细

2. 转入电量合计

点击 "转入电量合计",进入【关口电量明细】界面,查看关口明细信息,界面下方展示关口数量以及关口电量合计数据,见图 6-68。详细操作方法见 6.2.3.3 的转入电量合计。

3. 转出电量合计

点击"转出电量合计",进入【关口电量明细】界面,可以查看本单位向其他单位输出关口电量明细等信息,界面下方展示关口数量以及关口电量合计数据,见图 6-69。详细操作方法见 6.2.3.3 的转出电量合计。

序号	关口名称	变电站名称	电量（kW·h）	供电单位	供电电压	受电单位	受电电压	关口状态	关口类型	是否趸售关口	关口性质	电量类型
1	北京.王府井/10kV.201B	北京.王府井	240000.00	国网北京市电力公司	交流10kV	国网北京城区供电...	交流10kV	已审核	分压关口	否	跨单位	日电量
2	北京.西直门/10kV.201	北京.西直门	507000.00	国网北京市电力公司	交流10kV	国网北京城区供电...	交流10kV	已审核	分压关口	否	跨单位	日电量
3	北京.左安门/10kV.266	北京.左安门	39480.00	国网北京丰台供电...	交流10kV	国网北京城区供电...	交流10kV	已审核	分压关口	否	跨单位	日电量
4	北京.桃园/10kV.203B	北京.桃园	44000.00	国网北京市电力公司	交流10kV	国网北京城区供电...	交流10kV	已审核	分压关口	否	跨单位	日电量
5	北京.朝阳门/10kV.270	北京.朝阳门	49000.00	国网北京朝阳供电...	交流10kV	国网北京城区供电...	交流10kV	已审核	分压关口	否	跨单位	日电量
6	北京.朝阳门/10kV.293	北京.朝阳门	30000.00	国网北京朝阳供电...	交流10kV	国网北京城区供电...	交流10kV	已审核	分压关口	否	跨单位	日电量
7	北京.草桥/10kV.250	北京.草桥	26400.00	国网北京丰台供电...	交流10kV	国网北京城区供电...	交流10kV	已审核	分压关口	否	跨单位	日电量
8	北京.草桥/10kV.234	北京.草桥	18000.00	国网北京丰台供电...	交流10kV	国网北京城区供电...	交流10kV	已审核	分压关口	否	跨单位	日电量
9	227断路器	太平桥开闭站	0.00	国网北京丰台供电...	交流10kV	国网北京城区供电...	交流10kV	已审核	分压关口	否	跨单位	日电量
10	北京.王府井/10kV.203A	北京.王府井	225000.00	国网北京市电力公司	交流10kV	国网北京城区供电...	交流10kV	已审核	分压关口	否	跨单位	日电量
11	城区.牛街/10kV.202B	城区.牛街	173400.00	国网北京丰台供电...	交流110kV	国网北京城区供电...	交流10kV	已审核	分压关口	否	本单位	日电量
12	北京.长椿街/10kV.203A	北京.长椿街	270000.00	国网北京市电力公司	交流10kV	国网北京城区供电...	交流10kV	已审核	分压关口	否	跨单位	日电量
13	城区.牛街/10kV.202A	城区.牛街	237000.00	国网北京丰台供电...	交流110kV	国网北京城区供电...	交流10kV	已审核	分压关口	否	本单位	日电量
14	北京.长椿街/10kV.202A	北京.长椿街	99000.00	国网北京市电力公司	交流10kV	国网北京城区供电...	交流10kV	已审核	分压关口	否	跨单位	日电量
15	北京.王府井/10kV.203B	北京.王府井	246000.00	国网北京市电力公司	交流10kV	国网北京城区供电...	交流10kV	已审核	分压关口	否	跨单位	日电量
16	丰台.开阳里/10kV.202A	丰台.开阳里	216000.00	国网北京城区供电...	交流110kV	国网北京城区供电...	交流10kV	已审核	分压关口	否	本单位	日电量
17	丰台.开阳里/10kV.202B	丰台.开阳里	156000.00	国网北京城区供电...	交流110kV	国网北京城区供电...	交流10kV	已审核	分压关口	否	本单位	日电量
18	丰台.开阳里/10kV.247	丰台.开阳里	53400.00	国网北京丰台供电...	交流10kV	国网北京城区供电...	交流10kV	已审核	分压关口	否	跨单位	日电量
19	丰台.开阳里/10kV.259	丰台.开阳里	15600.00	国网北京丰台供电...	交流10kV	国网北京城区供电...	交流10kV	已审核	分压关口	否	跨单位	日电量
20	丰台.开阳里/10kV.265	丰台.开阳里	30600.00	国网北京丰台供电...	交流10kV	国网北京城区供电...	交流10kV	已审核	分压关口	否	跨单位	日电量

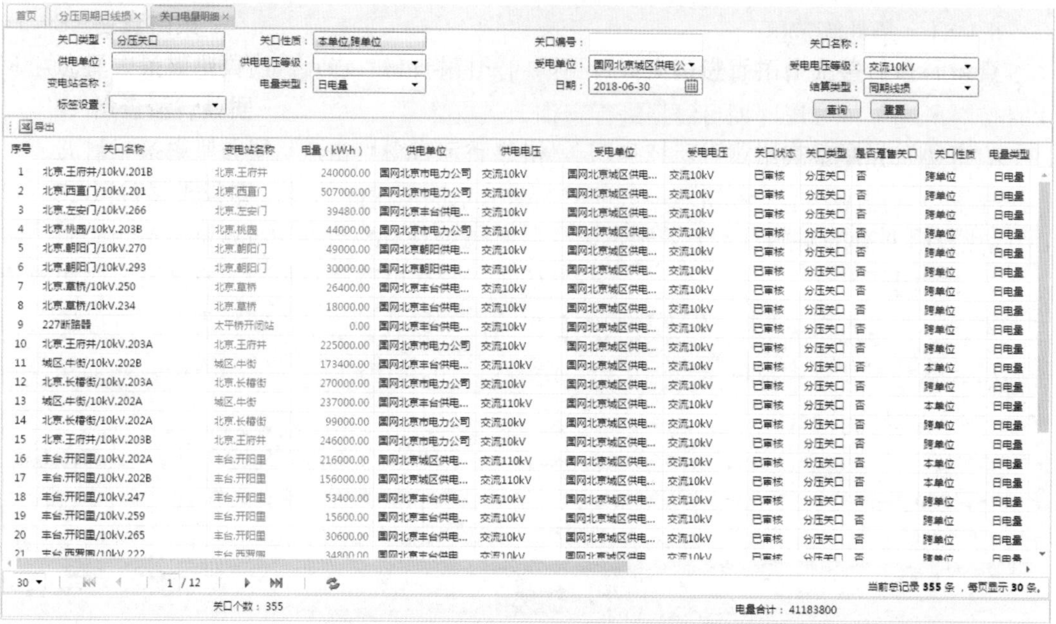

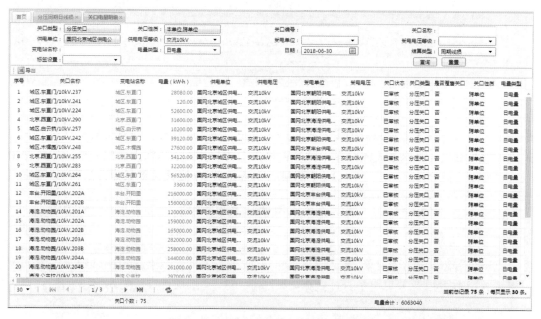

图 6-68　转入电量合计关口电量明细

序号	关口名称	变电站名称	电量（kW·h）	供电单位	供电电压	受电单位	受电电压	关口状态	关口类型	是否趸售关口	关口性质	电量类型
1	城区.东直门/10kV.237	城区.东直门	28080.00	国网北京城区供电...	交流10kV	国网北京朝阳供电...	交流10kV	已审核	分压关口	否	跨单位	日电量
2	城区.东直门/10kV.241	城区.东直门	120.00	国网北京城区供电...	交流10kV	国网北京朝阳供电...	交流10kV	已审核	分压关口	否	跨单位	日电量
3	城区.东直门/10kV.224	城区.东直门	52600.00	国网北京城区供电...	交流10kV	国网北京朝阳供电...	交流10kV	已审核	分压关口	否	跨单位	日电量
4	北京.西直门/10kV.290	北京.西直门	31600.00	国网北京城区供电...	交流10kV	国网北京海淀供电...	交流10kV	已审核	分压关口	否	跨单位	日电量
5	城区.白云桥/10kV.257	城区.白云桥	10200.00	国网北京城区供电...	交流10kV	国网北京海淀供电...	交流10kV	已审核	分压关口	否	跨单位	日电量
6	城区.东直门/10kV.242	城区.东直门	39120.00	国网北京城区供电...	交流10kV	国网北京朝阳供电...	交流10kV	已审核	分压关口	否	跨单位	日电量
7	城区.木樨园/10kV.248	城区.木樨园	27600.00	国网北京城区供电...	交流10kV	国网北京丰台供电...	交流10kV	已审核	分压关口	否	跨单位	日电量
8	北京.西直门/10kV.255	北京.西直门	54120.00	国网北京城区供电...	交流10kV	国网北京海淀供电...	交流10kV	已审核	分压关口	否	跨单位	日电量
9	北京.西直门/10kV.283	北京.西直门	32200.00	国网北京城区供电...	交流10kV	国网北京海淀供电...	交流10kV	已审核	分压关口	否	跨单位	日电量
10	城区.东直门/10kV.264	城区.东直门	56520.00	国网北京城区供电...	交流10kV	国网北京朝阳供电...	交流10kV	已审核	分压关口	否	跨单位	日电量
11	城区.东直门/10kV.261	城区.东直门	3360.00	国网北京城区供电...	交流10kV	国网北京朝阳供电...	交流10kV	已审核	分压关口	否	跨单位	日电量
12	丰台.开阳里/10kV.202A	丰台.开阳里	216000.00	国网北京城区供电...	交流10kV	国网北京丰台供电...	交流10kV	已审核	分压关口	否	跨单位	日电量
13	丰台.开阳里/10kV.202B	丰台.开阳里	156000.00	国网北京城区供电...	交流10kV	国网北京丰台供电...	交流10kV	已审核	分压关口	否	跨单位	日电量
14	海淀.动物园/10kV.201A	海淀.动物园	120000.00	国网北京城区供电...	交流10kV	国网北京海淀供电...	交流10kV	已审核	分压关口	否	跨单位	日电量
15	海淀.动物园/10kV.202A	海淀.动物园	159000.00	国网北京城区供电...	交流10kV	国网北京海淀供电...	交流10kV	已审核	分压关口	否	跨单位	日电量
16	海淀.动物园/10kV.202B	海淀.动物园	165000.00	国网北京城区供电...	交流10kV	国网北京海淀供电...	交流10kV	已审核	分压关口	否	跨单位	日电量
17	海淀.动物园/10kV.203A	海淀.动物园	282000.00	国网北京城区供电...	交流10kV	国网北京海淀供电...	交流10kV	已审核	分压关口	否	跨单位	日电量
18	海淀.动物园/10kV.203B	海淀.动物园	258000.00	国网北京城区供电...	交流10kV	国网北京海淀供电...	交流10kV	已审核	分压关口	否	跨单位	日电量
19	海淀.动物园/10kV.204A	海淀.动物园	144000.00	国网北京城区供电...	交流10kV	国网北京海淀供电...	交流10kV	已审核	分压关口	否	跨单位	日电量
20	海淀.动物园/10kV.204B	海淀.动物园	261000.00	国网北京城区供电...	交流10kV	国网北京海淀供电...	交流10kV	已审核	分压关口	否	跨单位	日电量

图 6-69　转出电量合计关口电量明细

4. 电厂上网

点击“电厂上网”，进入【关口电量明细】界面，可以查看本单位电厂上网关口电量明细等信息，界面下方展示关口数量以及关口电量合计数据，见图 6-70。详细操作方法见 6.2.3.3 的电厂上网。

图 6-70　电厂上网关口电量明细

5. 分布式电源

点击"分布式电源",进入【分布式电源电量明细】界面,可以查看本单位分布式电源电量明细等信息,输入用户名称、用户编号等信息后点击【查询】按钮可以查看具体的分布式电源信息,见图 6-71。详细操作方法见 6.2.3.3 的分布式电源。

图 6-71　分布式电源电量明细

6.3.3　分元件同期日线损

菜单位置：同期线损管理 – 同期日线损 – 分元件同期日线损，见图 6–72。

图 6–72　分元件同期日线损

6.3.3.1　条件筛选区

分元件同期日线损可实现查询本单位变电站及站内设备的同期日线损率信息。选择管理单位、变电站名称、变电站编号等信息，点击【查询】按钮即可。

6.3.3.2　明细展示区

1. 变电站名称

点击"变电站名称"，进入【站内元件线损】界面，可以查看变电站信息及线损率等信息，点击"模型输出电量"可查看电量信息，见图 6–73。详细操作方法见 6.2.5.3 的变电站名称。

2. 站损率

点击元件"站损率"，进入【站内元件线损】界面，可以查看变电站线损率信息，点击"模型输出电量"可以查看电量信息，见图 6–74。

3. 变损率

点击元件"变损率"，进入【站内元件线损】界面，可以查看主变压器线损率信息，点击"模型输出电量"可以查看电量信息，见图 6–75。

图 6-73　站内元件线损——变电站

图 6-74　站内元件线损——站损率

图 6-75 站内元件线损——变损率

4. 母线不平衡率

点击元件"母线不平衡率"，进入【站内元件线损】界面，可以查看母线不平衡率信息，点击"模型输出电量"可以查看电量信息，见图 6-76。

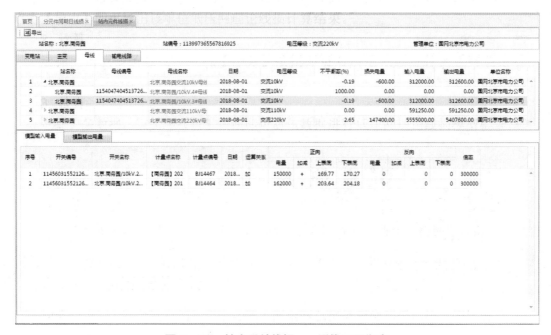

图 6-76 站内元件线损——母线不平衡率

5. 输电线线损率

点击元件"输电线线损率",进入【站内元件线损】界面,可以查看输电线路线损率信息,点击"模型输出电量"可以查看电量信息,见图 6−77。

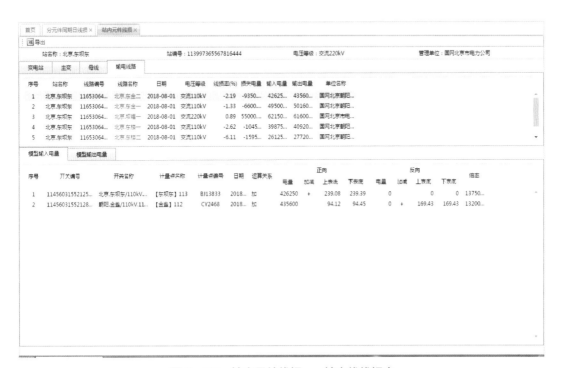

图 6−77　站内元件线损——输电线线损率

6.3.4　配电线路同期日线损

菜单位置:同期线损管理 – 同期日线损 – 配电线路同期日线损,见图 6−78。

6.3.4.1　条件筛选区

配电线路同期日线损实现查询区县各层级单位的配电线路同期日线损信息与电量穿透数据查询。选择管理单位、线路编号、线路名称、变电站名称、线路类型、日期、是否达标等信息,点击【查询】按钮即可。

6.3.4.2　功能操作区

1. 导出

点击【导出】按钮,可以导出界面展示的配电线路同期日线损信息。

2. 异常标注

点击【异常标注】按钮,进入【异常标注】界面,可对该线路进行标注,填写异常名称、异常内容等信息,点击【提交】按钮即可,见图 6−79。

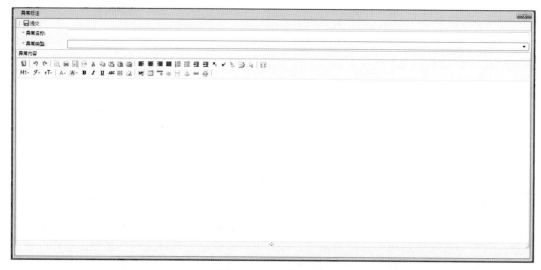

图 6-78　配电线路同期日线损

图 6-79　异常标注

3. 全量导出

点击【全量导出】按钮，可以导出本单位以及下级单位的配电线路线损率等信息。

4. 区间查询

点击【区间查询】按钮，进入【区间查询】界面，可以查看线路所选区间内线损率趋势图，选择开始时间、结束时间等信息，再点击【查询】按钮即可，见图 6-80。

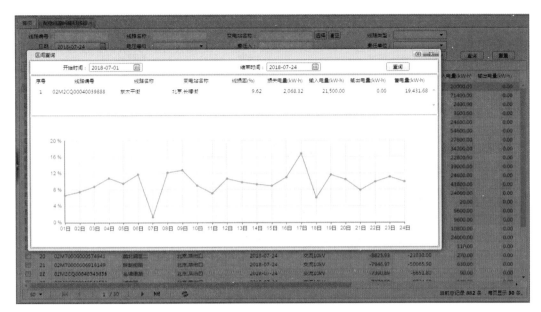

图 6-80　区间查询

6.3.4.3　明细展示区

1. 线路名称

点击"线路名称",进入【线路智能看板】界面,可以查看线路线损率趋势图等信息。界面上方展示输电线路详细档案信息,界面下方以列表和曲线图的方式展示线路的输入、输出电量及线损率等信息,见图 6-81。详细操作方法见 6.2.7.6 的线路名称。

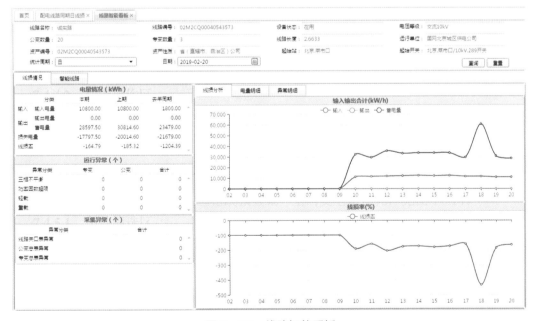

图 6-81　线路智能看板

2. 变电站名称

点击"变电站名称",进入【变电站详情信息】界面,可查看该线路所属变电站详细信息,点击"电量详情"可以查看电量信息,见图6-82。详细操作方法见6.2.7.3的变电站名称。

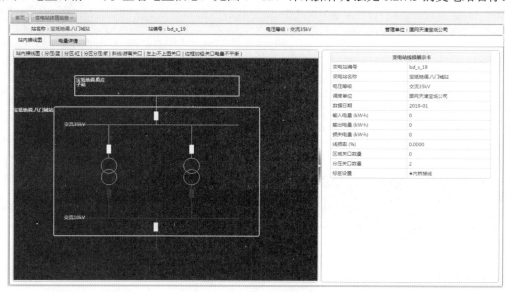

图6-82 变电站详情信息

3. 输入/输出电量

点击"输入电量"或"输出电量"进入【线路关口一览表】界面,可查看关口电量信息。界面展示输入输出关口计量点信息,见图6-83。详细操作方法见6.2.7.3的输入电量、输出电量。

图6-83 线路关口一览表

4. 售电量

点击"售电量"进入【线路售电量明细】界面，可查看线路售电量明细信息。界面可进行导出操作，方便电量核对。点击"表底异常""档案异常"可查看对应的异常信息，见图 6-84。详细操作方法见 6.2.7.3 的售电量。

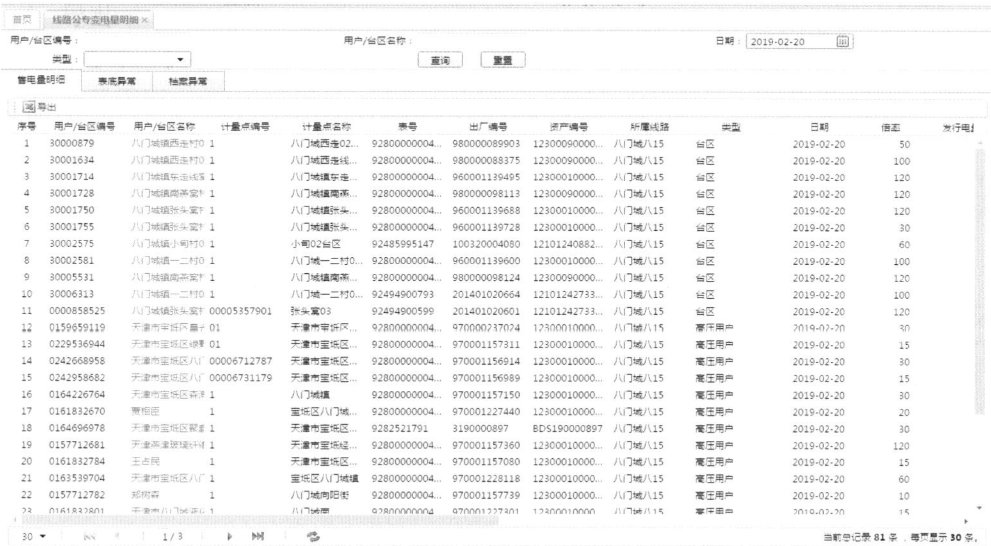

图 6-84　线路售电量明细

6.3.5　分台区同期日线损

菜单位置：同期线损管理–同期日线损–分台区同期日线损，见图 6-85。

图 6-85　分台区同期日线损

6.3.5.1　条件筛选区

分台区同期日线损用于实现查询各层级单位的台区同期日线损信息。选择管理单位、台区名称、台区编号、所属变电站、所属线路、日期、是否达标等信息，点击【查询】按钮即可。

6.3.5.2　功能操作区

1. 导出

点击【导出】按钮，可以导出界面展示的台区同期日线损信息。

2. 异常标注

点击【异常标注】按钮，进入【异常标注】界面，可对该台区进行标注，填写异常名称、异常内容等，然后点击【提交】按钮即可，见图6－86。

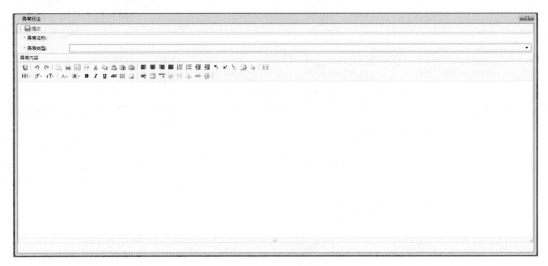

图6－86　异常标注

3. 全量导出

点击【全量导出】按钮，可以导出本单位以及下级单位的所有台区线损率等信息。

4. 区间查询

选择一条数据，点击【区间查询】按钮，进入【区间查询】界面，可以查看台区在所选区间内线损率趋势图，选择开始时间、结束时间、对比时间等信息，点击【查询】按钮即可，见图6－87。

6.3.5.3　明细展示区

1. 台区名称

点击"台区名称"，进入【台区智能看板】界面，可查看台区档案、线损率等详细信息。界面上方展示台区档案信息，界面下方展示台区电量信息和线损率信息等，点击"电量明细""异常明细""档案异常"可查看具体信息，见图6－88。详细操作方法见6.2.8.3的台区名称。

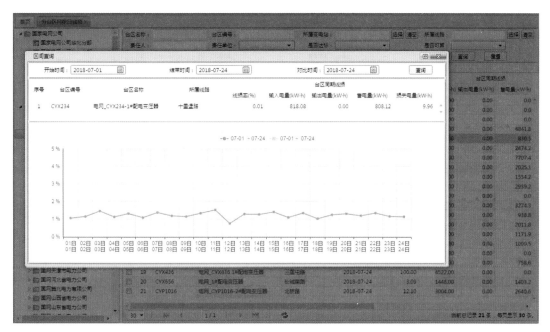

图 6－87　区间查询

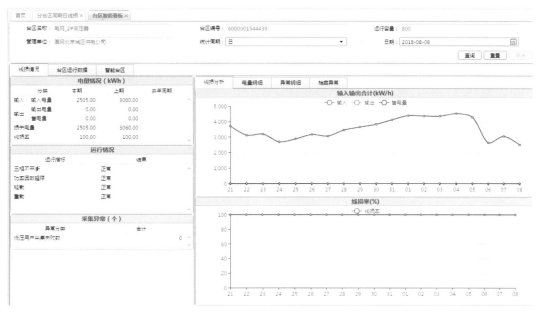

图 6－88　台区智能看板

2. 所属线路

点击台区"所属线路"，进入【线路智能看板】界面，可查看线路信息。界面上方展示配电线路详细档案信息，界面下方以列表和曲线图的方式展示线路的输入、输出电量及线损率等信息，见图 6－89。详细操作方法见 6.2.8.3 的所属线路。

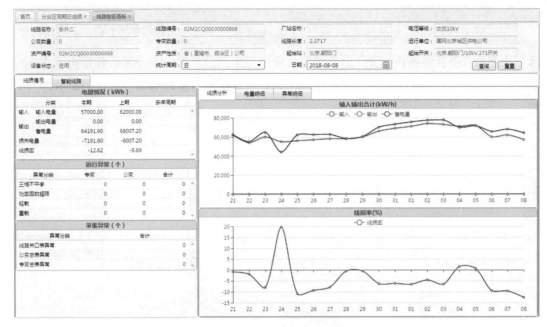

图6-89　线路智能看板

3. 输入/输出电量

点击台区"输入/输出电量"可进入【台区输入/输出电量明细】界面，可查看输入/输出电量明细，见图6-90。详细操作方法见6.2.8.3的输入电量、输出电量。

图6-90　台区输入/输出电量明细

4. 售电量

点击台区"售电量"进入【台区售电量明细】界面,可查看台区售电量信息,可对台区售电量明细进行导出核对电量。选择一条明细,界面下方可查看对应的电能表信息,见图 6-91。详细操作方法见 6.2.8.3 的售电量。

图 6-91　台区售电量明细

第 7 章

理论线损管理

7.1 功　能　介　绍

理论线损管理用于实现理论线损的模型维护、线损计算以及计算之后的设备损耗查询。

7.2　理论线损模型维护

7.2.1　主网模型维护

菜单位置：理论线损管理－理论线损模型维护－主网模型维护，见图7－1。

7.2.1.1　条件筛选区

主网模型维护用于对主网设备模型进行新建与维护，为理论线损计算提供模型基础。选择单位、文件时间、解析时间等，点击【查询】按钮即可。

7.2.1.2　功能操作区

同步、删除、刷新匹配度等功能可以对主网模型进行配置与维护。

7.2.2　配网模型维护

功能介绍：配网模型维护用于对配网设备模型进行新建与维护。

菜单位置：理论线损管理－配网模型管理－配网模型维护，见图7－2。

图 7-1　主网 QS 模型维护

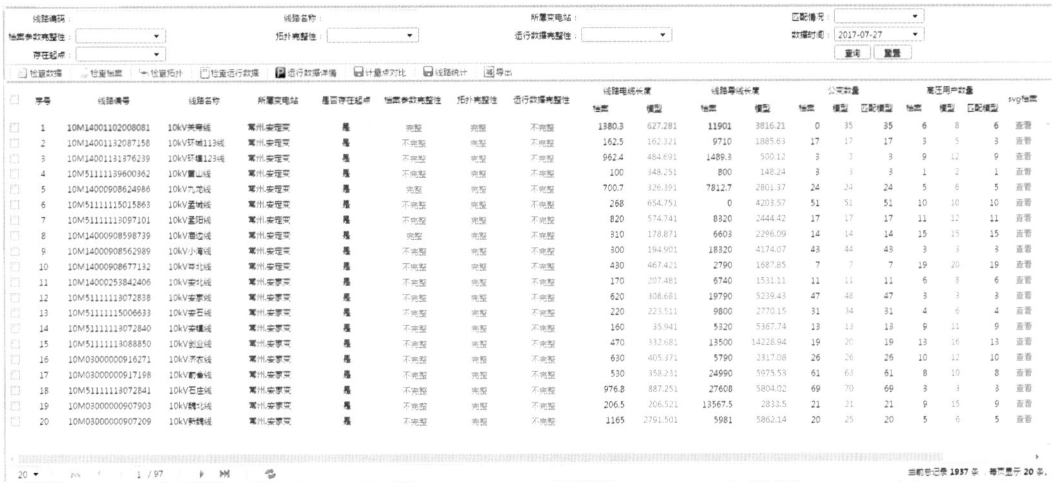

图 7-2　配网模型维护

7.2.2.1　条件筛选区

配网模型维护用于对配网设备模型进行新建与维护，为理论线损计算提供模型基础。选择单位、线路编号、匹配情况、数据时间等，点击【查询】按钮即可。

7.2.2.2　功能操作区

1. 检查数据

选择一条模型数据，点击"检查数据"，即可对该模型进行数据完整性检查。

2. 检查档案

选择一条模型数据，点击"检查档案"，即可对该模型进行档案参数完整性检查。

3. 检查档案

选择一条模型数据，点击“检查拓扑”，即可对该模型进行拓扑完整性进行检查。

4. 检查运行数据

选择一条模型数据，点击“检查运行数据”，即可对运行数据完整型进行检查。

5. 运行数据详情

选择一条模型数据，点击“运行数据详情”即可进入【运行数据完整性详情】界面，对该模型运行数据详情进行查看和分析，见图 7－3。

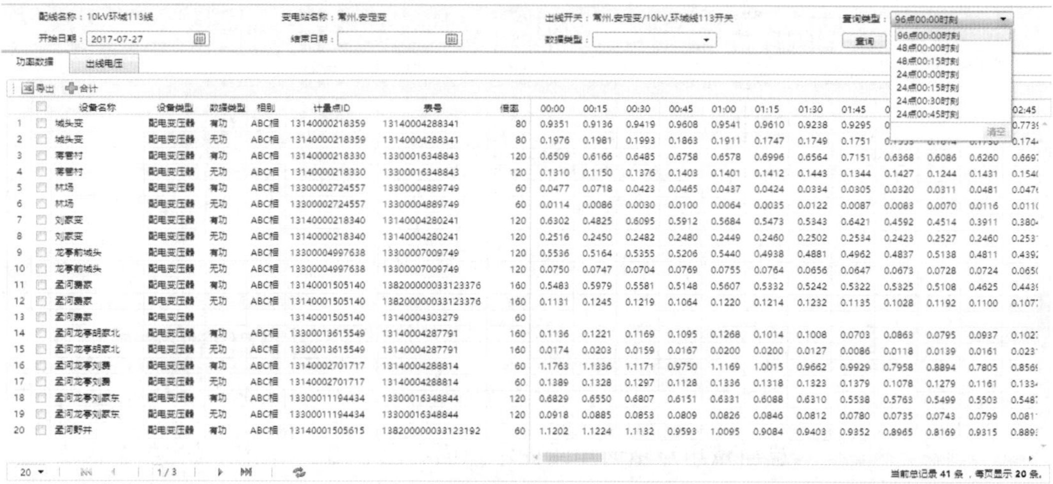

配线名称：10kV环城113线　变电站名称：常州.安定变　出线开关：常州.安定变/10kV.环城线113开关　查询类型：96点00:00时刻

开始日期：2017-07-27　结束日期：　数据类型：　查询

96点00:00时刻 / 48点00:00时刻 / 48点00:15时刻 / 24点00:00时刻 / 24点00:15时刻 / 24点00:30时刻 / 24点00:45时刻 / 清空

功率数据　出线电压

导出　合计

	设备名称	设备类型	数据类型	相别	计量点ID	表号	倍率
1	城头变	配电变压器	有功	ABC相	13140000218359	13140004288341	80
2	城头变	配电变压器	无功	ABC相	13140000218359	13140004288341	80
3	蒋营村	配电变压器	有功	ABC相	13140000218330	13300016348843	120
4	蒋营村	配电变压器	无功	ABC相	13140000218330	13300016348843	120
5	林场	配电变压器	有功	ABC相	13300002724557	13300004889749	60
6	林场	配电变压器	无功	ABC相	13300002724557	13300004889749	60
7	刘家变	配电变压器	有功	ABC相	13140000218340	13140004280241	120
8	刘家变	配电变压器	无功	ABC相	13140000218340	13140004280241	120
9	龙亭前城头	配电变压器	有功	ABC相	13300004997638	13300007009749	120
10	龙亭前城头	配电变压器	无功	ABC相	13300004997638	13300007009749	120
11	孟河龚家	配电变压器	有功	ABC相	13140001505140	138200000033123376	160
12	孟河龚家	配电变压器	无功	ABC相	13140001505140	138200000033123376	160
13	孟河龚家	配电变压器			13140001505140	13140004303279	60
14	孟河龙亭胡家北	配电变压器	有功	ABC相	13300013615549	13140004287791	160
15	孟河龙亭胡家北	配电变压器	无功	ABC相	13300013615549	13140004287791	160
16	孟河龙亭刘龚	配电变压器	有功	ABC相	13140002701717	13140004288814	60
17	孟河龙亭刘龚	配电变压器	无功	ABC相	13140002701717	13140004288814	60
18	孟河龙亭刘家东	配电变压器	有功	ABC相	13300011194434	13300016348844	120
19	孟河龙亭刘家东	配电变压器	无功	ABC相	13300011194434	13300016348844	120
20	孟河野井	配电变压器	有功	ABC相	13140001505615	138200000033123192	60

	00:00	00:15	00:30	00:45	01:00	01:15	01:30	01:45				02:45
1	0.9351	0.9136	0.9419	0.9608	0.9541	0.9610	0.9238	0.9295				0.773
2	0.1976	0.1981	0.1993	0.1863	0.1911	0.1747	0.1749	0.1751				0.174
3	0.6509	0.6166	0.6485	0.6758	0.6578	0.6996	0.6564	0.7151	0.6368	0.6086	0.6260	0.669
4	0.1310	0.1150	0.1376	0.1403	0.1401	0.1412	0.1443	0.1344	0.1427	0.1244	0.1431	0.154
5	0.0477	0.0718	0.0423	0.0465	0.0437	0.0424	0.0334	0.0305	0.0320	0.0311	0.0481	0.047
6	0.0114	0.0086	0.0030	0.0100	0.0064	0.0035	0.0122	0.0087	0.0083	0.0070	0.0116	0.011
7	0.6302	0.4825	0.6095	0.5912	0.5684	0.5473	0.5343	0.6421	0.4592	0.4514	0.3911	0.380
8	0.2516	0.2450	0.2482	0.2480	0.2449	0.2460	0.2502	0.2534	0.2423	0.2527	0.2460	0.253
9	0.5536	0.5164	0.5355	0.5206	0.5440	0.4938	0.4881	0.4962	0.4837	0.5138	0.4811	0.439
10	0.0750	0.0747	0.0704	0.0769	0.0755	0.0764	0.0656	0.0647	0.0673	0.0728	0.0724	0.065
11	0.5483	0.5979	0.5581	0.5148	0.5607	0.5332	0.5242	0.5322	0.5325	0.5108	0.4625	0.443
12	0.1131	0.1245	0.1219	0.1064	0.1220	0.1214	0.1232	0.1135	0.1028	0.1192	0.1100	0.107
13												
14	0.1136	0.1221	0.1169	0.1095	0.1268	0.1014	0.1008	0.0703	0.0863	0.0795	0.0937	0.102
15	0.0174	0.0203	0.0159	0.0167	0.0200	0.0200	0.0127	0.0086	0.0118	0.0139	0.0161	0.023
16	1.1763	1.1336	1.1171	0.9750	1.1169	1.0015	0.9662	0.9929	0.7958	0.8894	0.7805	0.856
17	0.1389	0.1328	0.1297	0.1128	0.1336	0.1318	0.1323	0.1379	0.1078	0.1279	0.1161	0.133
18	0.6829	0.6550	0.6807	0.6151	0.6331	0.6088	0.6310	0.5538	0.5763	0.5499	0.5503	0.548
19	0.0918	0.0885	0.0853	0.0809	0.0826	0.0846	0.0812	0.0780	0.0735	0.0743	0.0799	0.081
20	1.1202	1.1224	1.1132	0.9593	1.0095	0.9084	0.9403	0.9352	0.8965	0.8169	0.9315	0.889

20　1/3　当前总记录 41 条，每页显示 20 条。

图 7－3　运行数据完整性详情

6. 计量点更新

选择一条模型数据，点击“计量点更新”即可进入【计量点对比】界面，可显示线路模型表中线路公用变压器、高压用户表计关系与系统中最新的关系对比，点击“计量点关系刷新”，可以获取最新关系到 yx 关系表中，见图 7－4。

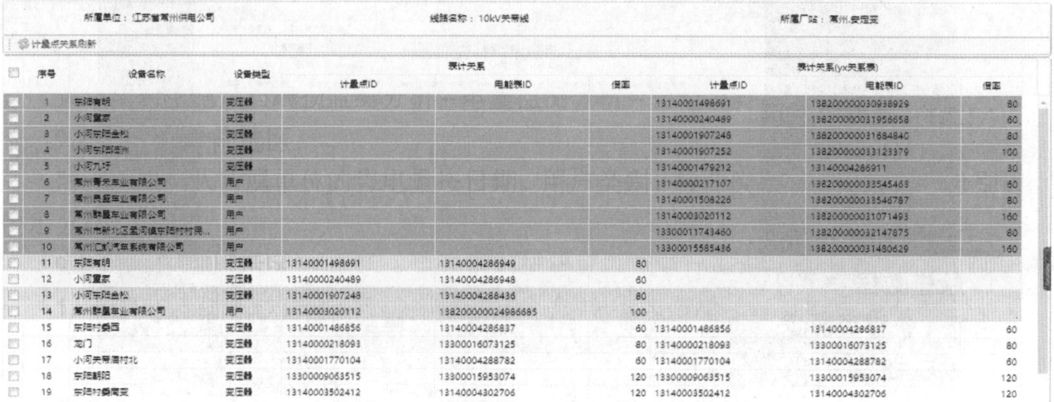

所属单位：江苏省常州供电公司　线路名称：10kV关帝线　所属厂站：常州.安定变

计量点关系刷新

序号	设备名称	设备类型	表计关系 计量点ID	电能表ID	倍率	表计关系(yx关系表) 计量点ID	电能表ID	倍率
1	东阳青明	变压器				13140001498691	13820000030938929	80
2	小河董家	变压器				13140000240489	13820000031956658	60
3	小河东阳金松	变压器				13140001907248	13820000031684840	80
4	小河东阳陆洲	变压器				13140001907252	13820000033123379	100
5	小河九圩	变压器				13140001479212	13140004286911	30
6	常州普天车业有限公司	用户				13140000217107	13820000033545463	60
7	常州凤庭车业有限公司	用户				13140001508226	13820000033546787	80
8	常州群星车业有限公司	用户				13140003020112	13820000031071493	160
9	常州市新北区孟河镇东阳村村民...	用户				13300011743460	13820000032147875	80
10	常州汇凯汽车系统有限公司	用户				13300015585436	13820000031480629	160
11	东阳青明	变压器	13140001498691	13140004286949	80			
12	小河董家	变压器	13140000240489	13140004286948	60			
13	小河东阳金松	变压器	13140001907248	13140004288436	80			
14	常州群星车业有限公司	用户	13140003020112	13820000024986685	100			
15	东阳村桑西	变压器	13140001486856	13140004286837	60	13140001486856	13140004286837	60
16	龙门	变压器	13140000218093	13300016073125	80	13140000218093	13300016073125	80
17	小河关帝庙村北	变压器	13140001770104	13140004288782	60	13140001770104	13140004288782	60
18	东阳朝阳	变压器	13300009063515	13300015953074	120	13300009063515	13300015953074	120
19	东阳村桑周变	变压器	13140003502412	13140004302706	120	13140003502412	13140004302706	120

图 7－4　计量点对比

7. 线路统计

选择一条模型数据，点击"线路统计"可统计线路电缆长度、线路导线长度、公用变压器（高压用户）档案、模型、匹配模型的个数，见图 7-5。模型生成后，这部分数据会初始化生成，在模型维护过程中，如果想重新统计，该功能提供全部或部分的统计功能。

线路电缆长度		线路导线长度		公变数量			高压用户数量		
档案	模型	档案	模型	档案	模型	匹配模型	档案	模型	匹配模型
1380.3	627.281	11901	3694.42	35	35	35	8	8	0
162.5	162.321	9710	1885.63	17	17	17	3	5	3
962.4	484.691	1489.3	500.12	3	3	3	9	12	9
100	348.251	800	148.24	3	3	3	1	2	1
700.7	326.391	7812.7	2801.37	24	24	24	5	6	5
268	654.751	0	4203.57	51	51	51	10	10	10
820	574.741	8320	2444.42	17	17	17	11	12	11
310	178.871	6603	2296.09	14	14	14	15	15	15
300	194.901	18320	4174.07	43	44	43	3	3	3
430	467.421	2790	1687.85	7	7	7	19	20	19
170	207.481	6740	1531.11	11	11	11	6	8	6
2480	2240.491	14960	14274.63	34	41	34	6	7	6
620	308.681	19790	5239.43	47	48	47	3	3	3

图 7-5 线路统计

7.2.3 低压网模型维护

功能介绍：低压网模型维护用于对低压网设备模型进行新建与维护。

菜单位置：理论线损管理-理论线损模型维护-低压网模型维护，见图 7-6。

图 7-6 低压网模型维护

175

7.2.3.1 功能操作区

选择单位：界面左侧选择需要配置模型的单位，界面会显示对应省份低压网理论线损模型的档案信息、拓扑信息与运行数据。

7.3 理 论 线 损 计 算

理论线损计算用于在已维护的设备模型基础上，进行理论线损计算。

7.3.1 主网理论线损计算

功能介绍：主网理论线损计算用于对主网理论线损计算进行配置。

菜单位置：理论线损管理–理论线损计算–主网理论线损计算，见图 7–7。

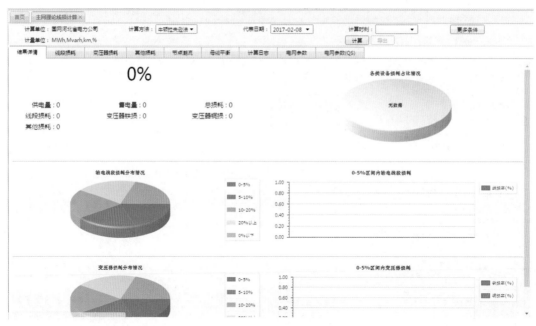

图 7-7 主网理论线损计算

7.3.1.1 功能操作区

1. 导出

点击【导出】按钮，可以导出界面展示的主网理论线损计算信息。

2. 计算

选择计算方法、代表日期与计算时刻，点击【计算】按钮即可进行主网理论线损计算。

3. 更多条件

点击"更多条件"可选择迭代次数等其他计算条件。

7.3.2 配网理论线损计算

功能介绍：配网理论线损计算是对配网理论线损计算进行配置。

菜单位置：理论线损管理–理论线损计算–配网理论线损计算，见图 7–8。

序号	配线编号	配线名称	所属变电站	查看拓扑	时间时间	计算方法	有功电量(kWh)	无功电量(kvarh)	售电量(kWh)	总计	线损	铁损	高压线损	综合线损	配线损率
1	10M14001131376239	10kV环镇12J线	常州安理安	查看	2017-07-27	单相数无表	46100.4866	3497.2831	45972.7650	127.7216	68.1289	19.8000	39.7927	0.28	0.09
2	10M14000908624986	10kV九龙线	常州安理安	查看	2017-07-27	单相数无表	39512.2284	9637.7925	39069.5491	442.6793	108.6671	277.8000	56.2123	1.12	0.14
3	10M51111115015863	10kV孟城线	常州安理安	查看	2017-07-27	单相数无表	90052.1859	20184.1388	88670.1281	1382.0628	282.8902	498.0000	601.1726	1.53	0.67
4	10M51111119097101	10kV孟理线	常州安理安	查看	2017-07-27	单相数无表	45620.5673	7872.8399	45290.6558	329.9115	73.6899	167.5200	86.7016	0.72	0.19
5	10M14000908598739	10kV西湛线	常州安理安	查看	2017-07-27	单相数无表	53339.8796	5822.2004	53059.4556	280.4239	114.6146	115.0800	50.7293	0.53	0.10
6	10M14000908562989	10kV小溪线	常州安理安	查看	2017-07-27	单相数无表	44696.3509	10343.5035	44198.0649	558.2859	75.4695	447.8400	34.9764	1.25	0.08
7	10M14000908677132	10kV布线线	常州安理安	查看	2017-07-27	单相数无表	62428.1025	4784.7411	62175.3133	252.7892	54.8243	68.5200	129.4440	0.41	0.21
8	10M14000258842406	10kV安力线	常州安理安	查看	2017-07-27	单相数无表	50941.7616	4398.7445	50625.2343	316.5273	32.1991	128.4000	155.9282	0.62	0.31
9	10M51111113072838	10kV安定线	常州安理安	查看	2017-07-27	单相数无表	41926.8652	10061.4479	41226.6252	700.2399	40.4730	506.3040	153.4630	1.67	0.37
10	10M51111115006633	10kV安石线	常州安理安	查看	2017-07-27	单相数无表	60208.6668	8779.0925	59567.2866	641.3802	78.6528	308.3280	254.3995	1.07	0.42
11	10M51111113072840	10kV安理线	常州安理安	查看	2017-07-27	单相数无表	35539.1363	4239.9368	35311.2040	227.9323	57.2474	144.3600	26.3250	0.64	0.07
12	10M14000908598850	10kV西湛线	常州安理安	查看	2017-07-27	单相数无表	57594.0398	7335.3326	56583.2955	1010.7443	76.4575	164.2800	770.0068	1.75	1.34
13	10M03000000916271	10kV齐岭线	常州安理安	查看	2017-07-27	单相数无表	55882.0831	10451.6930	55378.8749	503.2081	161.3066	250.4400	91.4615	0.90	0.16
14	10M03000000917198	10kV理安线	常州安理安	查看	2017-07-27	单相数无表	92313.2552	19638.5447	91276.0747	1037.1805	239.2546	500.6400	298.3200	1.12	0.32
15	10M51111119072841	10kV石庄线	常州安理安	查看	2017-07-27	单相数无表	68280.3396	19766.6850	67080.2117	1200.1279	150.6319	654.2400	395.2560	1.76	0.58
16	10M03000000907903	10kV魏庄线	常州安理安	查看	2017-07-27	单相数无表	37620.2708	4728.0631	37389.2021	231.0687	52.0560	194.2800	44.7326	0.77	0.12
17	10M03000000907209	10kV新魏线	常州安理安	查看	2017-07-27	单相数无表	58089.4976	8998.3952	56831.4409	1258.0566	74.6254	584.8800	598.5512	2.17	1.03
18	10M51111115013130	10kV西武线	常州安理安	查看	2017-07-27	单相数无表	21086.5116	13.0794	21079.8951	6.6165	0.0000	0.0000	6.6165	0.03	0.03
19	10M51111115021360	10kV西工线	常州安理安	查看	2017-07-27	单相数无表	31400.0860	5172.0367	31191.1016	208.9844	58.5572	120.2400	30.1873	0.67	0.10
20	10M51111115013131	10kV理工线	常州安理安	查看	2017-07-27	单相数无表	99286.8379	11303.6359	98422.8298	864.0081	128.5809	367.2000	368.2272	0.87	0.37

当前总记录 1935 条 每页显示 20 条

图 7–8 配网理论线损计算

7.3.2.1 条件筛选区

配网理论线损计算用于对配网理论线损计算进行配置。选择计算期别、日期、计算方法等，点击【查询】按钮即可查看当前条件下配网理论线损计算情况。

7.3.2.2 功能操作区

1. 导出

点击【导出】按钮，即可导出当前界面配网理论线损计算信息。

2. 计算

选择一条或多条数据，点击【计算】按钮即可计算当前所选数据的配网理论线损。

3. 模型查看

选择一条数据，点击【模型查看】按钮即可查看该数据配网理论线损模型。

4. 运行数据查看

选择一条数据，点击【运行数据查看】按钮即可查看该配线的模型运行数据。

5. 导出模型

选择一条数据，点击【导出模型】按钮即可导出该数据的配网理论线损模型。

7.3.3 低压理论线损计算

功能介绍：低压理论线损计算用于对低压理论线损计算进行配置。

菜单位置：理论线损管理–理论线损计算–低压理论线损计算，见图 7–9。

图 7-9　低压网理论线损计算

7.3.3.1　功能操作区

1. 导出

界面左侧选择配置低压理论线损计算的单位，界面右侧选择计算方法、计算期别等，点击【导出】即可导出该单位低压网理论线损计算结果。

2. 计算

选择一条或多条数据，点击【计算】按钮即可对所选数据进行低压网理论线损计算。

3. 检查

选择一条数据，点击【检查】按钮即可对该数据进行低压网理论线损模型检查。

7.4　理 论 线 损 查 询

理论线损查询用于对主网、配网、低压网的相关设备计算结果损耗进行查询和查询结果导出。

7.4.1　主网全网总损耗

功能介绍：主网全网总损耗用于实现主网全网总损耗查询和查询结果的导出。

菜单位置：理论线损管理–理论线损查询–主网全网总损耗，见图 7-10。

图 7－10　主网全网总损耗

7.4.1.1　条件筛选区

主网全网总损耗用于实现主网全网总损耗查询,选择单位、日期、计算方法,点击【查询】按钮即可查看该单位主网全网总损耗。

7.4.1.2　功能操作区

导出:点击【导出】按钮,即可导出该界面展示的主网全网总损耗信息。

7.4.2　主网全网分压损耗

功能介绍:主网全网分压损耗用于实现主网全网分压损耗查询和查询结果导出。

菜单位置:理论线损管理－理论线损查询－主网全网分压损耗,见图 7－11。

7.4.2.1　条件筛选区

主网全网分压损耗用于实现主网全网分压损耗查询,选择单位、日期、计算方法后,点击【查询】按钮即可查看主网全网分压损耗数据。

7.4.2.2　功能操作区

导出:点击【导出】按钮,即可导出该界面展示的主网全网分压损耗信息。

7.4.3　主网输电线路损耗

功能介绍:主网输电线路损耗用于实现主网输电线路损耗查询和查询结果导出。

菜单位置:理论线损管理－理论线损查询－主网输电线路损耗,见图 7－12。

179

图 7-11 主网全网分压损耗

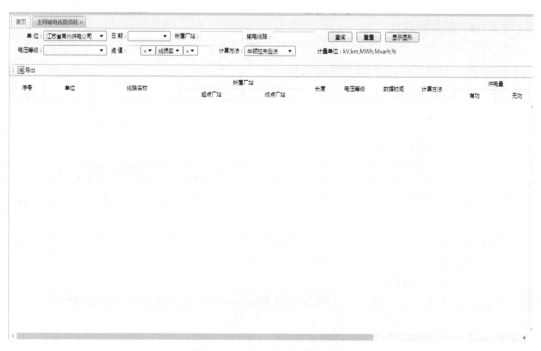

图 7-12 主网输电线路损耗

7.4.3.1 条件筛选区

主网输电线路损耗用于实现主网输电线路损耗查询，选择单位、日期、电压等级等，点击【查询】按钮，即可查看主网输电线路损耗信息。

7.4.3.2 功能操作区

导出：点击【导出】按钮，即可导出该界面展示的主网输电线路损耗信息。

7.4.4 主网输电线段损耗

功能介绍：主网输电线段损耗用于实现主网输电线段损耗查询和查询结果导出。

菜单位置：理论线损管理－理论线损查询－主网输电线段损耗，见图 7－13。

图 7－13 主网输电线段损耗

7.4.4.1 条件筛选区

主网输电线段损耗用于实现主网输电线段损耗查询，选择单位、日期、电压等级等，点击【查询】按钮即可查看主网输电线段损耗信息。

7.4.4.2 功能操作区

导出：点击【导出】按钮，即可导出该界面展示的主网输电线段损耗信息。

7.4.5 主网变电站损耗

功能介绍：主网变电站损耗用于实现主网变电站损耗查询和查询结果导出。

菜单位置：理论线损管理－理论线损查询－主网变电站损耗，见图 7－14。

7.4.5.1 条件筛选区

主网变电站损耗用于实现主网变电站损耗查询，选择单位、日期、电压等级等，点击【查询】按钮，即可查看主网变电站损耗信息。

7.4.5.2 功能操作区

导出：点击【导出】按钮，即可导出该界面展示的主网变电站损耗信息。

图 7-14　主网变电站损耗

7.4.6　主网变压器损耗

功能介绍：主网变压器损耗用于实现主网变压器损耗查询和查询结果导出。

菜单位置：理论线损管理－理论线损查询－主网其他损耗，见图 7-15。

图 7-15　主网变压器损耗

7.4.6.1　条件筛选区

主网变压器损耗用于实现主网变压器损耗查询，选择单位、日期、电压等级等，点击【查询】按钮即可查看主网变压器损耗信息。

7.4.6.2　功能操作区

1. 导出

点击【导出】按钮，即可导出该界面展示的主网变压器损耗信息。

2. 显示图形

点击【显示图形】按钮可查看主网变压器损耗分布情况。

7.4.7　主网其他损耗

功能介绍：主网其他损耗用于实现主网其他损耗查询和查询结果导出。

菜单位置：理论线损管理－理论线损查询－主网其他损耗，见图 7－16。

图 7－16　主网其他损耗

7.4.7.1　条件筛选区

主网其他损耗用于实现主网其他损耗查询，选择单位、日期、电压等级等，点击【查询】按钮即可查看主网其他损耗信息。

7.4.7.2　功能操作区

导出：点击【导出】按钮，即可导出该界面展示的主网其他损耗信息。

7.4.8 低压网台区损耗

功能介绍：低压网台区损耗用于实现低压网台区损耗查询和查询结果导出。

菜单位置：理论线损管理 – 理论线损查询 – 低压网台区损耗，见图 7 – 17。

图 7 – 17　低压网台区损耗

7.4.8.1　条件筛选区

低压网台区损耗用于实现低压网台区损耗查询，选择单位、日期、计算方法等，点击【查询】按钮即可查看低压网台区损耗信息。

7.4.8.2　功能操作区

导出：点击【导出】按钮，即可导出该界面展示的低压网台区损耗信息。

第 8 章

电量计算与统计

8.1 功 能 介 绍

系统基于关口档案与电能量采集、营销、用电信息系统接入的数据计算关口电量，并汇总统计"四分"电量。用户可对电量进行查询和追补操作。

8.2 电 厂 电 量 查 询

菜单位置：电量计算与统计 – 电量明细查询 – 电厂电量查询，见图 8–1。

图 8–1 电厂电量查询

8.2.1 条件筛选区

电厂电量查询用于查询各单位的电厂电量并提供导出功能,可根据月份、调度电厂名称、统计电厂名称、能源类型、发电类型等对电厂电量进行筛选查询。

8.2.2 功能操作区

导出:点击【导出】按钮,可以导出界面展示的电厂电量信息。

8.3 关口电量查询

菜单位置:电量计算与统计 – 电量明细查询 – 关口电量查询,见图 8 – 2。

图 8 – 2 关口电量查询

8.3.1 条件筛选区

关口电量查询用于查询各单位的关口电量并提供导出功能。可根据关口类型、关口性质、关口编号等相关信息对关口进行筛选查询。

8.3.2 功能操作区

导出:点击【导出】按钮,可以导出界面展示的关口电量信息。

8.3.3 明细展示区

1. 电量

点击"电量",进入【关口计量点明细】界面,可以查看计量点的详细信息,见图8-3。

图8-3 关口计量点明细

2. 变电站详情

点击"变电站名称",进入【变电站详情信息】界面,可查看关口所属变电站信息,见图8-4。

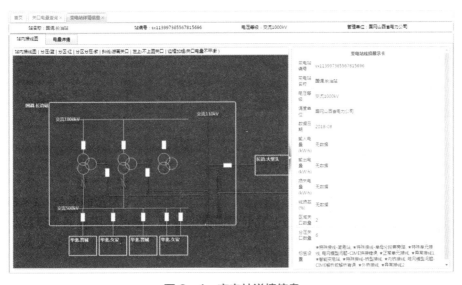

图8-4 变电站详情信息

8.4 分区发行电量查询

菜单位置：电量计算与统计 – 电量明细查询 – 分区发行电量查询，见图 8 – 5。

图 8-5　分区发行电量查询

8.4.1　条件筛选区

分区发行电量查询用于查询各单位的分区发行电量并提供导出功能。选择日期、是否同步，点击【查询】按钮即可。

8.4.2　功能操作区

导出：点击【导出】按钮，可以导出界面展示的分区发行电量信息。

8.5 分压发行电量查询

菜单位置：电量计算与统计 – 电量明细查询 – 分压发行电量查询，见图 8 – 6。

图 8-6　分压发行电量查询

8.5.1　条件筛选区

分压发行电量查询用于查询各单位的分压发行电量并提供导出功能。选择"管理单位""月份""电压等级"，点击【查询】按钮即可。

8.5.2　功能操作区

导出：点击【导出】按钮，可以导出界面展示的分压发行电量信息。

8.6　供电计量点电量查询

菜单位置：电量计算与统计–电量明细查询–供电计量点电量查询，见图 8-7。

8.6.1　条件筛选区

供电计量点电量查询用于查询各单位的供电计量点电量并提供导出功能，同时提供换表修改、异常标注和标签设置功能。可选择计量点名称、编号、变电站编号、名称、开关编号、名称等相关条件对供电计量点进行筛选查询。

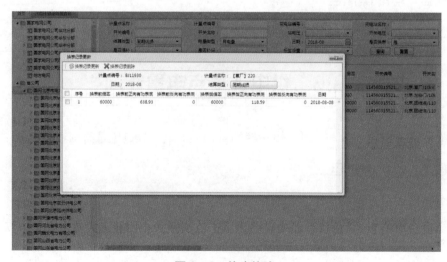

图 8-7　供电计量点电量查询

8.6.2　功能操作区

1. 导出

点击【导出】按钮，可以导出界面展示的供电计量点电量信息。

2. 换表修改

选择有换标记录的计量点，点击【换表修改】按钮，进入【换表记录更新】界面，填写换表前后表底、倍率等信息，点击【换标记录更新】按钮即可，点击【换表记录删除】可删除换标记录，见图 8-8。

图 8-8　换表修改

3. 异常标注

选择一条数据，点击【异常标注】按钮进入【异常标注】界面，进行异常标注操作。填写相关信息，点击【保存】按钮即可，点击【删除】按钮可对追补电量进行删除，见图 8-9。

图 8-9　异常标注

4. 标签设置

选择一条数据，点击【标签设置】按钮进入【标签设置】界面，进行打标签操作。选择需要的标签，点击【保存】按钮即可，见图 8-10。

图 8-10　供电计量点标签设置

5. 召测

该功能可检测计量点测点档案,在省级数据中心是否与总部数据库一致。选择计量点,点击【召测】按钮即可,见图 8-11。

图 8-11 召测

召测只能用于检测计量点数据来源是否为用电信息采集系统的数据。

8.6.3 明细展示区

1. 正向/反向电量

点击"正向/反向电量",进入【电量明细】界面,可查看电量明细趋势图,见图 8-12。

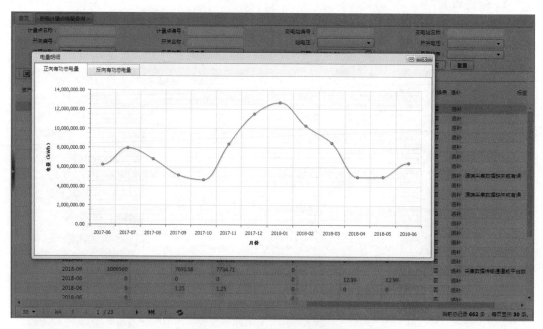

图 8-12 正向/反向电量明细

2. 上/下表底

点击"上/下表底",进入【表底示数】界面,可以查看表底数据,见图 8 – 13。

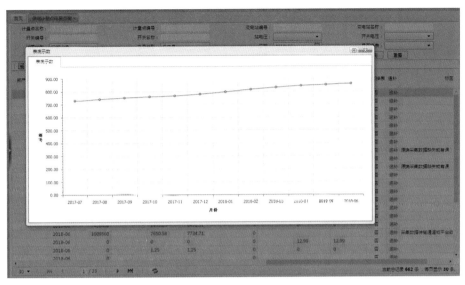

图 8 – 13　上/下表底示数

3. 追补

选择需要追补电量的计量点,点击"追补",进入【电量追补】界面,可以对供电计量点进行电量追补操作。填写相关信息,点击【保存】按钮即可,点击【删除】按钮可对追补电量进行删除,见图 8 – 14。

图 8 – 14　电量追补

"追补"电量操作用于由于计量点表底缺失等原因造成的计量点无法计算出电量或少算电量的情况。

8.7 分布式电源电量查询

菜单位置：电量计算与统计－电量明细查询－分布式电源电量查询，见图8－15。

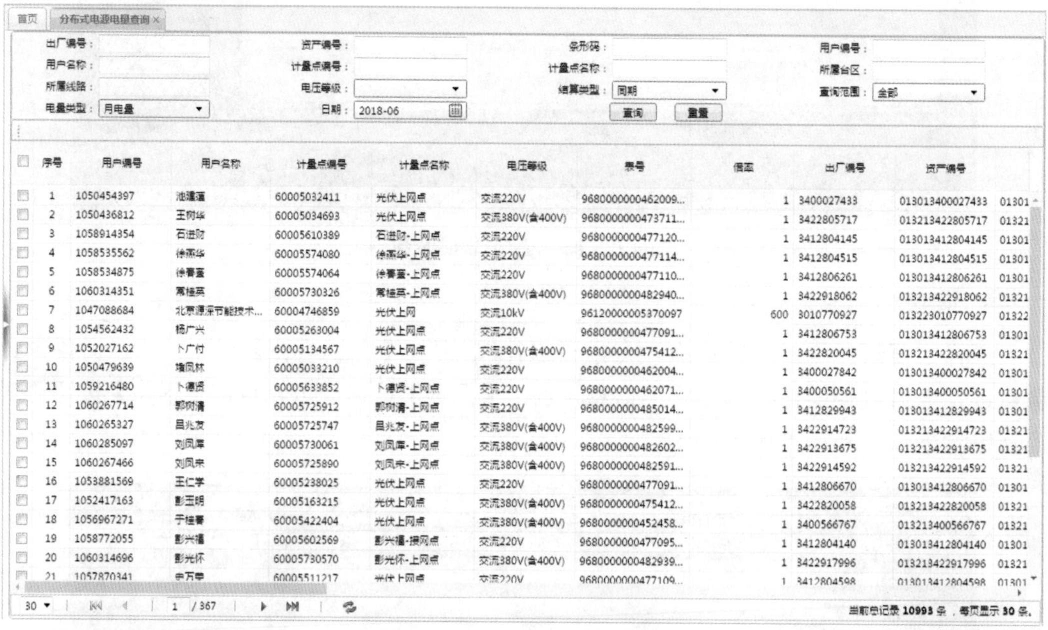

图 8-15　分布式电源电量查询

8.7.1 条件筛选区

分布式电源电量查询用于查询各单位的分布式电源电量并提供导出功能。可根据出厂编号、资产编号、用户名称、用户编号、计量点编号、计量点名称、所属台区等分布式电源相关信息进行筛选查询并导出查询结果。

8.7.2 功能操作区

导出：点击【导出】按钮，可以导出界面展示的分布式电源信息。

8.7.3　明细展示区

正向/反向电量：点击"正向/反向电量"，进入【电量明细】界面，可查看电量明细趋势图，见图 8-16。

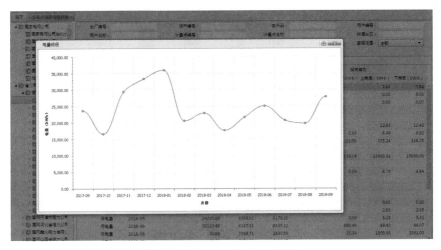

图 8-16　正向/反向电量明细

8.8　用户发行电量查询

菜单位置：电量计算与统计 - 电量明细查询 - 用户发行电量查询，见图 8-17。

图 8-17　用户发行电量查询

8.8.1 条件筛选区

用户发行电量查询用于查询各单位的用户发行电量并提供导出功能和标签设置功能。可根据用户编号、用户名称、电压等级和月份等用户相关信息进行筛选查询。

8.8.2 功能操作区

1. 导出

点击【导出】按钮，可以导出界面展示的用户发行电量信息。

2. 标签设置

见图 8−18，详细操作方法见 3.3.2 的标签设置。

图 8−18 用户发行电量标签设置

8.8.3 明细展示区

用户名称：点击"用户名称"可穿透到【用户发行电量详情】界面查看该用户当前及前几个月发行电量变化情况，见图 8−19。

图 8-19　用户发行电量详情

8.9　高压用户同期电量查询

菜单位置：电量计算与统计 – 电量明细查询 – 高压用户发行电量查询，见图 8-20。

图 8-20　高压用户发行电量查询

8.9.1 条件筛选区

高压用户同期电量查询用于查询各单位的高压用户同期日月电量并提供计算配置功能和标签设置功能。可根据单位名称、计量点名称、编号、用户名称、线路名称等高压用户相关信息进行筛选查询，点击高压用户列表可以查看该用户电能表信息。

8.9.2 功能操作区

1. 导出

点击【导出】按钮，可以导出界面展示的高压用户同期电量信息。

2. 计算配置

点击【计算配置】按钮，可对高压用户进行正反向计算配置，见图 8-21。

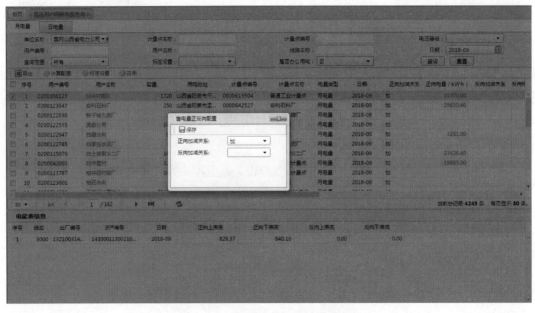

图 8-21 高压用户正反向计算配置

3. 标签设置

详细操作方法见 3.3.2 的标签设置。

4. 召测

该功能可检测计量点测点档案在省级数据中心是否与总部数据库一致。选择计量点，点击【召测】按钮即可，见图 8-22。

召测只能用于检测计量点数据来源是否为用电信息采集系统的数据。

图 8-22　召测

8.9.3　明细展示区

1. 用户名称

点击"用户名称",进入【用户智能看板】界面,可以查看高压用户电量详情,包括查看高压用户的基础档案、计量点档案、电量分析和运行异常数据信息,见图 8-23。

图 8-23　用户智能看板

2. 正/反向电量

点击"正/反向电量",进入【电量明细】界面,可以查看高压用户最近 12 个月电量明细数据,见图 8-24。

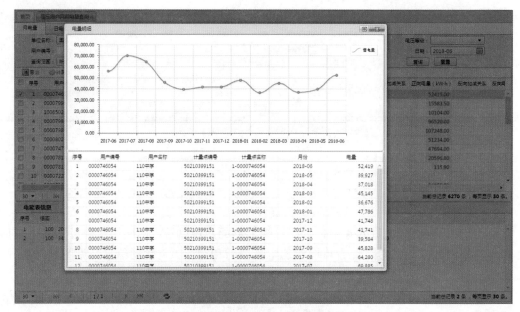

图 8-24　正/反向电量明细

8.10　低压用户同期电量查询

菜单位置：电量计算与统计 – 电量明细查询 – 低压用户同期电量查询，见图 8-25。

图 8-25　低压用户同期电量查询

8.10.1　条件筛选区

低压用户同期电量查询用于查询各单位的低压用户同期日月电量。可根据单位名称、计量点名称、编号、用户名称、台区名称等低压用户相关信息进行筛选查询。

8.10.2　明细展示区

电量：详细操作方法见 8.9.3 的正/反向电量。

8.11　供电计量点换表记录查询

菜单位置：电量计算与统计 – 电量明细查询 – 供电计量点换表记录查询，见图 8－26。

图 8－26　供电计量点换表记录查询

8.11.1　条件筛选区

供电计量点换表记录查询用于查询和修改供电计量点换表记录。可根据采集类型、日期类型、日期、变电站名称、计量点编号、名称等计量点相关信息进行筛选查询。

8.11.2　功能操作区

1. 导出

点击【导出】按钮，可以导出界面展示的供电计量点换表记录信息。

2. 换表修改

选择一条数据，点击【换表修改】按钮可对计量点换表信息进行修改更新，点击【换标记录更新】按钮即可，点击【换表记录删除】按钮可对该换表记录进行删除，见图 8-27。

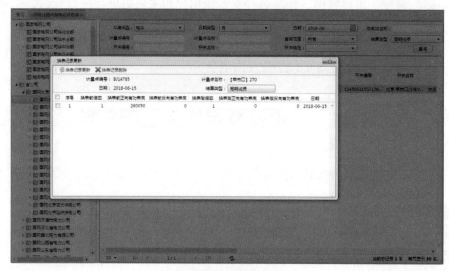

图 8-27　换表修改

8.12　用户及台区换表记录查询

菜单位置：电量计算与统计－电量明细查询－用户及台区换表记录查询，见图 8-28。

图 8-28　用户及台区换表记录查询

8.12.1 条件筛选区

用户及台区换表记录查询用于查询用户以及台区计量点换表记录并提供导出功能。可根据日期类型、日期、计量点编号、名称等用户及台区相关信息对换表记录进行筛选查询。

8.12.2 功能操作区

导出：点击【导出】按钮，可以导出界面展示的用户及台区换表记录信息。

8.13 计 算 服 务 配 置

8.13.1 日计算服务配置

菜单位置：电量计算与统计－计算服务配置－日计算服务配置，见图 8－29。

图 8－29 日计算服务配置

8.13.1.1 条件筛选区

日计算服务配置用于新增、删除和查询日计算任务。可选择单位、计算日期、计算范围，运行状态等查询日计算任务。

8.13.1.2　功能操作区

1. 新建

点击【新建】按钮，选择计算日期，进入【表单填写】界面，填写日期，选择是否使用最新线路档案，点击【保存】按钮即可添加日计算任务，见图8-30。

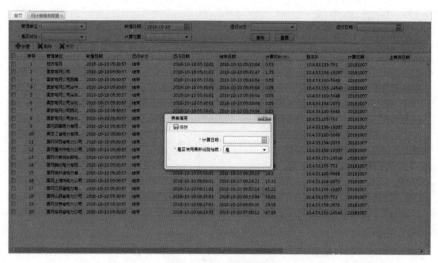

图8-30　表单填写

2. 删除

选择已经完成需要删除的计算任务，点击【删除】按钮，可删除日计算任务。

3. 关闭

选择日计算任务，点击【关闭】按钮，在弹出的提示框中点击【确定】即可关闭日计算任务界面，见图8-31。

图8-31　关闭日计算任务

1. "关闭"用于对计算任务状态是"排队"的计算任务使用。

2. 日计算功能实行人工"T-2"、系统"T-3"模式，即人工添加计算可以计算前两天的计算任务，目前没有次数限制；系统自动添加前三天的计算任务。

8.13.2　月计算服务配置

菜单位置：电量计算与统计-计算服务配置-月计算服务配置，见图 8-32。

图 8-32　月计算服务配置

8.13.2.1　条件筛选区

月计算服务配置用于新增、删除和查询月计算任务。可选择单位、计算日期、计算范围等信息，其运行状态用以查询月计算任务是否完成。

8.13.2.2　功能操作区

1. 删除

详细操作方法见 8.13.1.2 的删除。

2. 关闭

详细操作方法见 8.13.1.2 的关闭。

"月计算"每月只能在考核前计算一次。

第9章

电量与线损监测分析

9.1 功 能 介 绍

主要针对每月售电量、线损、配电线路、台区进行监测分析。能够对当前关口电量缺失、为零、突变数据进行预告警显示，实现每日及每月的分区、分压、分元件、分线、分台区线损进行监测；能够对当前超过阈值的线损率给予预告警提示；实现对省公司、各地市公司、县公司电量、线损异常信息进行定性分析，判断异常原因，将异常原因通过工单的形式推送给相关部门进行整改。

9.2 电 量 监 测 分 析

9.2.1 售电量监测分析

菜单位置：电量与线损监测分析–电量监测分析–售电量分析，见图9–1。

9.2.1.1 条件筛选区

对当前登录人所属单位的售电量按日期、用户类别、行业类别、电压等级等分别进行展示分析。

9.2.1.2 明细展示区

1. 日期

以用电类别中的大工业用电为例，点击用电趋势中的"月份"，可在单位排名中显示相应月份大工业用电月份排名，见图9–2。

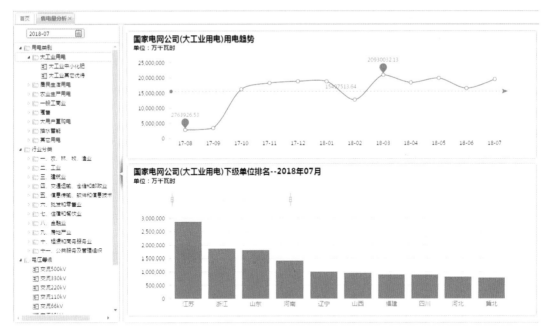

图 9-1 售电量分析

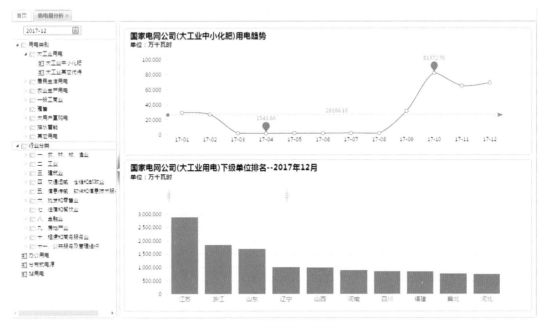

图 9-2 售电量月排名

2. 单位

点击单位排名中的"单位",可穿透到该单位下级单位排名界面,见图 9-3。

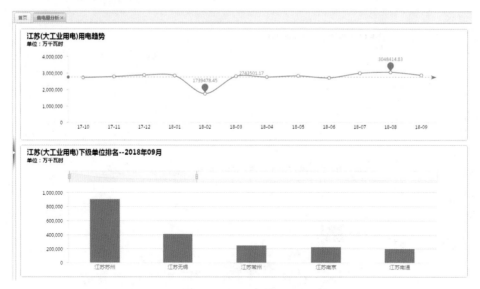

图 9-3　售电量单位排名

9.3　线　损　监　测　分　析

9.3.1　线损监测分析

菜单位置：电量与线损监测分析–线损监测分析–线损监测分析，见图 9-4。

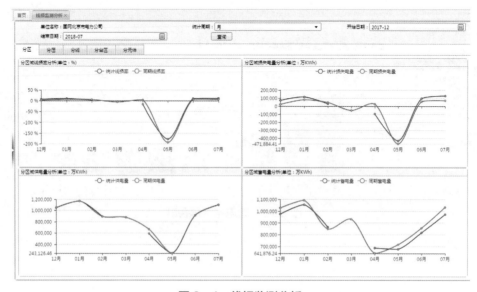

图 9-4　线损监测分析

9.3.1.1　条件筛选区

对当前登录人所属单位及其下级单位的线损信息进行统计，并按要求展示，选择统计周期、开始时间、结束时间，点击【查询】按钮即可。

9.3.1.2　功能操作区

1. 分区

选择筛选条件后，点击【分区】按钮，可进入分区线损监测界面，查看分区域线损率、损失电量、供电量、售电量分析，见图 9-5。

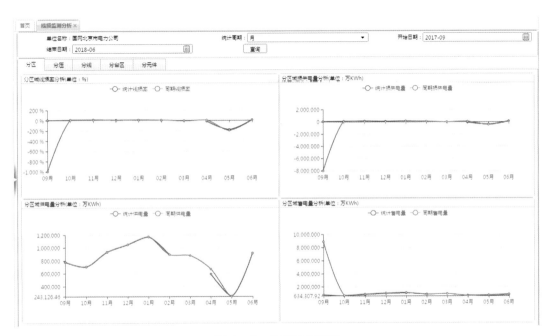

图 9-5　分区线损监测

2. 分压

选择筛选条件后，点击【分压】按钮可进入分压线损监测分析界面，查看分压线损率、供电量、售电量分析，见图 9-6。

3. 分线

选择筛选条件后，点击【分线】按钮可进入分线线损监测分析界面，查看输电线路、配电线路线损分析，见图 9-7。

4. 分台区

选择筛选条件后，点击【分台区】按钮，可进入分台区线损监测分析界面，查看台区线损分析，见图 9-8。

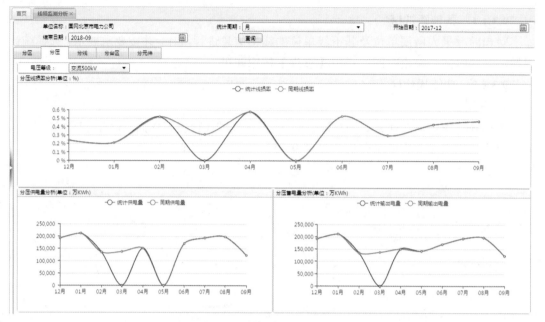

图 9-6　分压线损监测

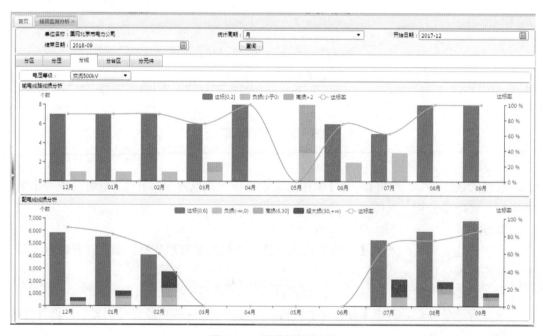

图 9-7　分线线损监测

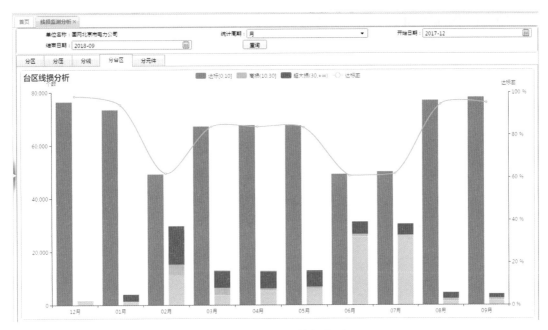

图9-8　分台区线损监测

5. 分元件

选择筛选条件后，点击【分元件】按钮进入分元件线损监测分析界面，查看母线、主变线损分析，见图9-9。

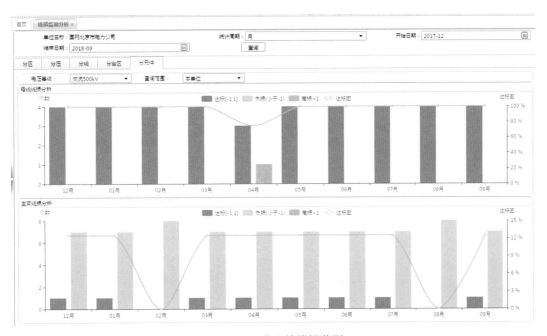

图9-9　分元件线损监测

9.3.1.3 明细展示区

1. 分区

在分区界面，点击线损率、损失电量、供电量、售电量中的同期线损率、电量值或统计线损率、电量值，可分别进入【区域同期月线损】界面或【分区域线损查询】界面，查看同期或统计线损、电量明细，见图9-10。

图9-10 分区线损监测明细

2. 分压

在分压界面，点击线损率、供电量、售电量中的同期线损率、电量值或统计线损率、电量值，可分别进入【分压同期月线损】界面或【分压域线损查询】界面，查看同期或统计线损、电量明细，见图9-11。

图9-11 分压线损监测明细

3. 分线

在分线界面，点击输电线路或配电线路中的"个数"可进入【输电线路明细】界面或【配电线路明细】界面，查看线路明细，见图 9－12。

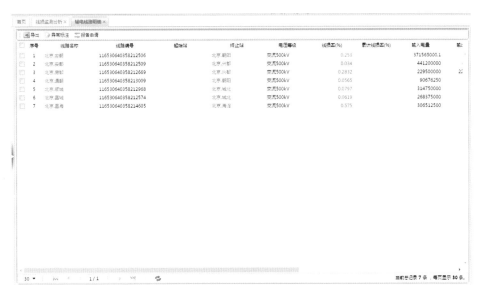

图 9－12　分线线损监测明细

4. 分台区

在分台区界面，点击台区线损分析中的"达标率"或"个数"，可进入【台区运行监测分析】界面，查看相应台区明细，见图 9－13。

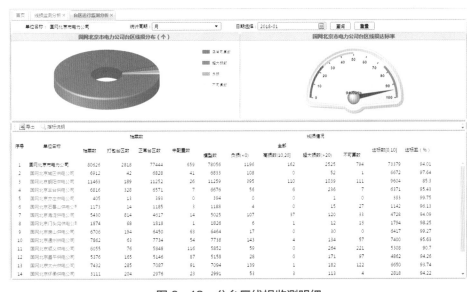

图 9－13　分台区线损监测明细

5. 分元件

在【分元件】界面，点击母线或主变压器的"达标率"或"个数"可进入【母线明细】界面或【主变明细】界面，查看母线或主变压器明细，见图 9–14。

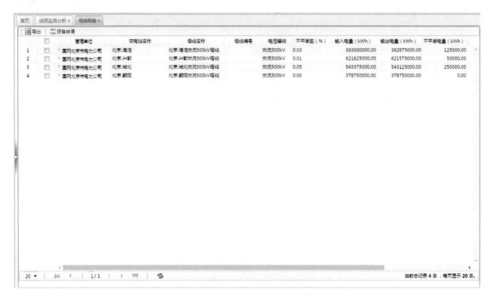

图 9–14　分元件线损监测明细

9.3.2　配电线路监测分析

菜单位置：电量与线损监测分析 – 线损监测分析 – 配电线路监测分析，见图 9–15。

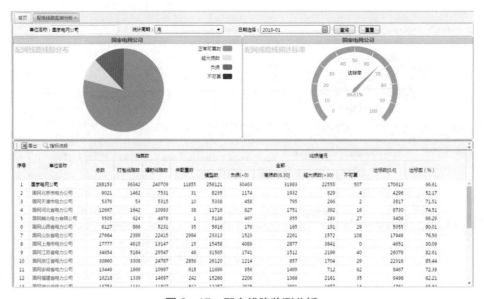

图 9–15　配电线路监测分析

9.3.2.1　条件筛选区

对当前登录人所属单位及其下级单位的线损信息进行统计，并按要求展示。选择统计周期、日期选择，点击【查询】按钮即可查看配电线路监测分析，点击【重置】按钮即可清空筛选条件。

9.3.2.2　明细展示区

1. 单位名称

点击"单位名称"即可穿透到该单位的下级单位，见图 9-16。

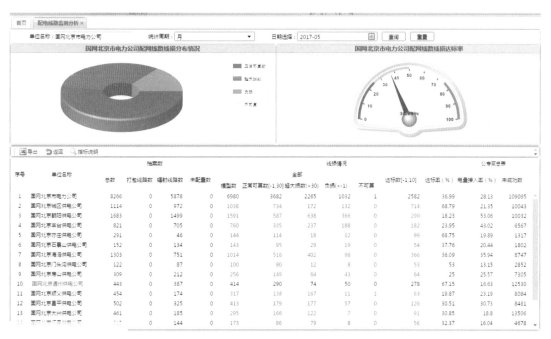

图 9-16　配电线路下级单位监测分析

2. 数量

进入最下级单位后，点击线损情况中的"数量"即可穿透到【线路运行明细】界面，查看线路明细，见图 9-17。

3. 线路名称

在【线路运行明细】界面，点击"线路名称"可穿透到【线路智能看板】界面，查看该线路线损分析、电量明细及异常明细，见图 9-18。

9.3.3　台区监测分析

菜单位置：电量与线损监测分析 - 线损监测分析 - 台区监测分析，见图 9-19。

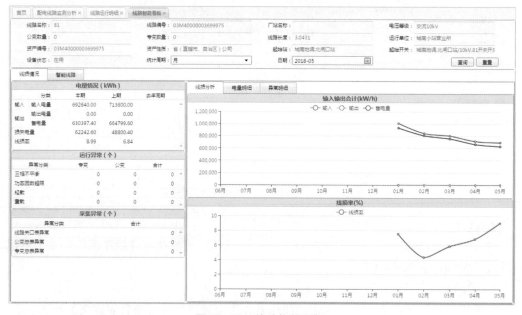

图 9-17　线路运行明细

图 9-18　线路智能看板

9.3.3.1　条件筛选区

对当前登录人所属单位及其下级单位的线损信息进行统计，并按要求展示。选择统计周期、日期选择，点击【查询】按钮即可查看台区监测分析，点击【重置】按钮可清空筛选条件。

图 9-19　台区监测分析

9.3.3.2　明细展示区

1. 单位名称

点击"单位名称"即可穿透到该单位的下级单位，见图 9-20。

图 9-20　下级单位台区监测分析

2. 数量

进入最下级单位后，点击线损情况中的"数量"即可穿透到【台区运行明细】界面，查看台区明细，见图9-21。

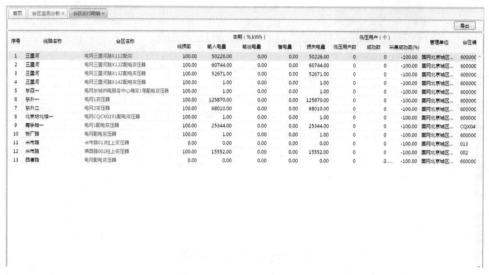

图9-21 台区运行明细

3. 台区名称

在【台区运行明细】界面，点击"台区名称"可穿透到【台区智能看板】界面，查看该台区线损分析、电量明细、异常明细及档案异常，见图9-22。

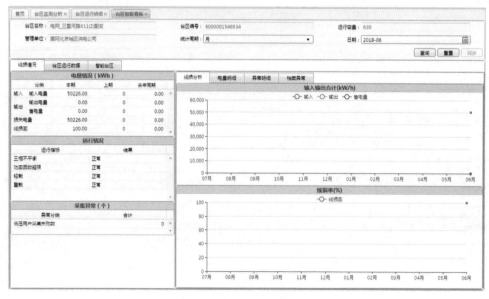

图9-22 台区智能看板

9.4 异常检测分析

9.4.1 档案异常监测分析

菜单位置：电量与线损监测分析–异常监测分析–档案异常监测分析，见图9–23。

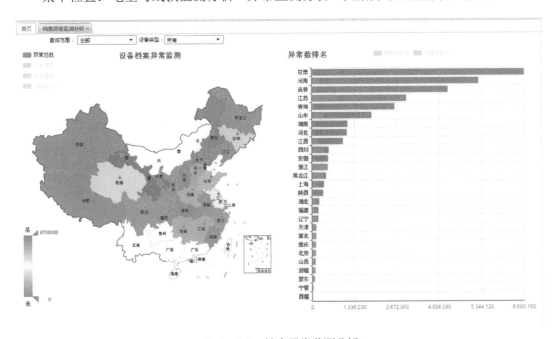

图9–23 档案异常监测分析

9.4.1.1 条件筛选区

对当前登录人所属单位及其下级单位的档案异常信息进行统计，并按要求展示。选择查询范围、设备类型即可对相应档案异常信息进行查看。

9.4.1.2 明细展示区

1. 档案异常监测明细

点击界面左侧地图中的"省份"或界面右侧各省异常"数量"可穿透到【设备档案异常监测明细】界面，对该省下级单位档案异常数量进行查看，见图9–24。

2. 数据治理

点击【设备档案异常监测明细】界面中各单位"异常数量"即可进入【数据治理】界面，查看该单位异常数据治理情况及明细。并可选择业务对象类型、业务规则名称、治理状态、是否强制校验、查询范围、所属专业名称、设备类型等信息后，点击【查询】按钮，可对数据明细进行查看，见图9–25。

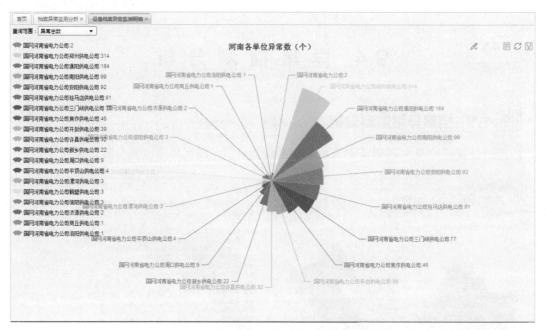

图 9-24　设备档案异常监测明细

图 9-25　数据治理

9.4.2　模型异动监测分析

菜单位置：电量与线损监测分析-异常监测分析-模型异动监测分析，见图 9-26。

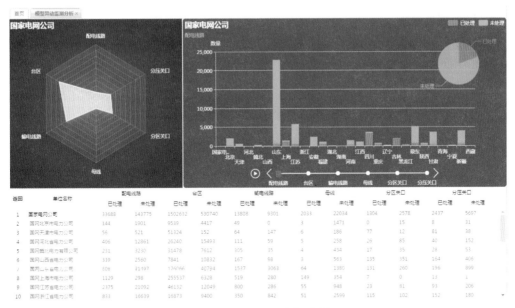

图 9-26　模型异动监测分析

9.4.2.1　条件筛选区

对当前登录人所属单位及其下级单位的模型异动异常信息进行统计，并按要求展示。

9.4.2.2　明细展示区

1. 单位名称

点击"单位名称"可以穿透到该单位的下级单位列表，见图 9-27。

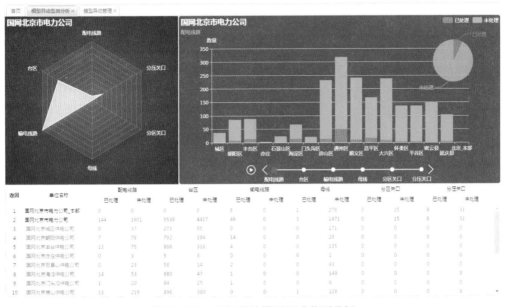

图 9-27　下级单位模型异动监测分析

2. 模型异动管理

点击各类别中的"已处理"及"未处理"数量可穿透到模型异动管理界面，对模型数据明细进行查看，见图 9-28。

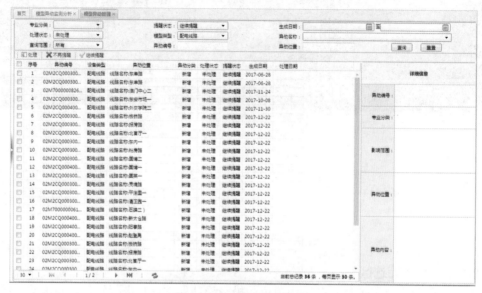

图 9-28 模型异动管理

3. 异常类型明细

点击表格中的"异动数量"即可弹出该单位模型【异动类型明细】界面，对模型异动类型明细进行查看，见图 9-29。

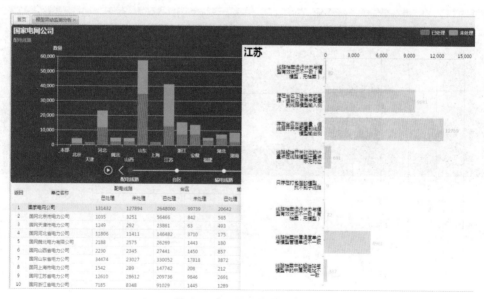

图 9-29 异动类型明细

9.4.3 采集异常明细查询

菜单位置：电量与线损监测分析－异常监测分析－采集异常明细查询，见图 9-30。

图 9-30 采集异常明细查询

9.4.3.1 条件筛选区

对当前登录人所属单位及其下级单位的采集异常信息进行统计，并按要求展示。选择统计周期、日期选择、厂站名称、计量点名称、计量点编号、异常归类等条件点击【查询】按钮即可查询采集异常明细数据，点击【重置】按钮可清空筛选条件。

9.4.3.2 功能操作区

1. 导出

点击【导出】按钮，可以导出界面展示的采集异常明细信息。

2. 汇总

点击【汇总】按钮即可对异常数据进行汇总。

3. 任务监控

点击【任务监控】按钮即可穿透到【任务监控】界面，对正在进行或已经完成的汇总任务进行查看，见图 9-31。

4. 召测

该功能可检测计量点测点档案在省级数据中心是否与总部数据库一致。选择计量点，点击【召测】按钮即可，见图 9-32。

图 9-31 任务监控

图 9-32 召测

召测只能用于检测计量点数据来源是否为用电信息采集系统的数据。

9.4.4 关口异常监测分析

菜单位置：电量与线损监测分析 - 异常监测分析 - 关口异常监测分析，见图 9-33。

9.4.4.1 条件筛选区

对当前登录人所属单位及其下级单位的档案异常信息进行统计，并按要求展示。选择数据月份后点击【查询】按钮即可查看关口异常情况，点击【重置】按钮即可清空筛选条件。

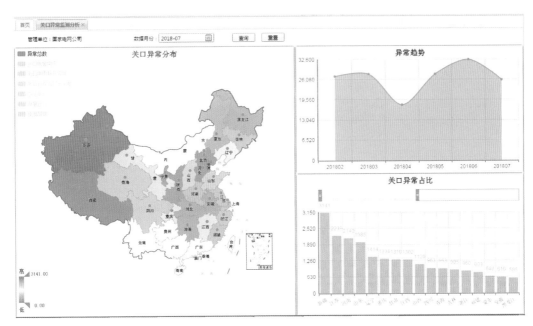

图 9-33　关口异常监测分析

9.4.4.2　明细展示区

1. 单位名称

点击地图中的"单位名称"即可展示到该单位下级单位，并显示异常趋势及各单位关口异常占比，见图 9-34。

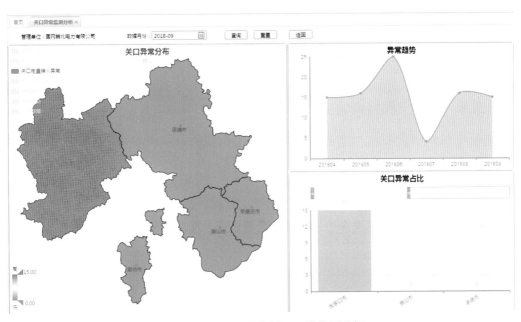

图 9-34　下级单位关口异常监测分析

2. 关口异常占比

选择界面左侧的异常类型后，点击“关口异常占比”即可穿透到相应异常类型明细界面，对该异常类型进行明细查询，见图 9－35。

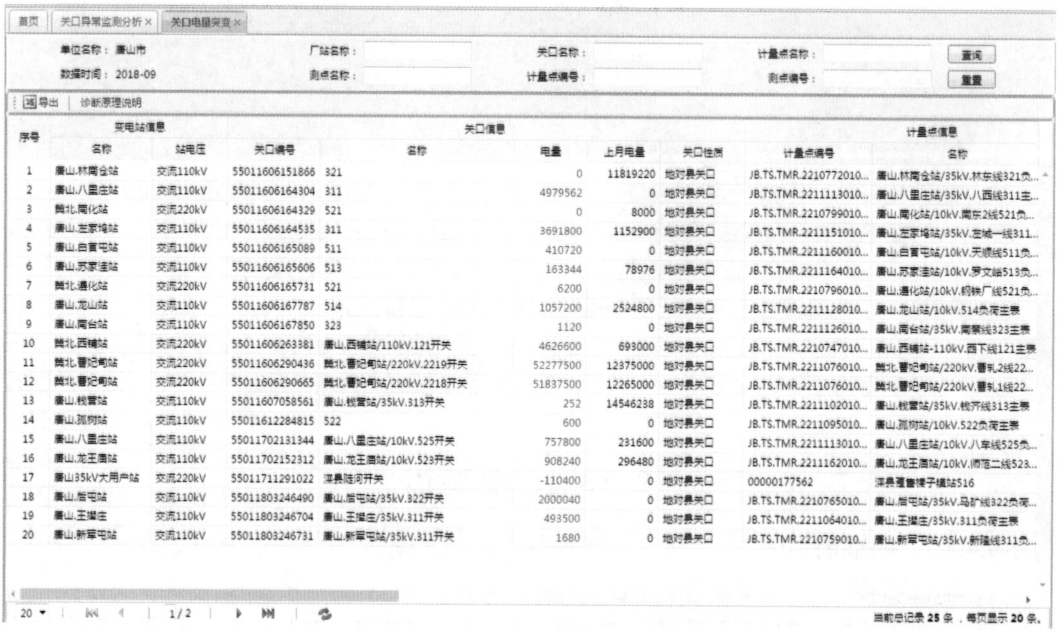

序号	变电站信息		关口信息					计量点信息	
	名称	站电压	关口编号	名称	电量	上月电量	关口性质	计量点编号	名称
1	唐山.林南仓站	交流110kV	55011606151866	321	0	11819220	地对县关口	JB.TS.TMR.2210772010...	唐山.林南仓站/35kV.林东线321负...
2	唐山.八里庄站	交流110kV	55011606164304	311	4979562	0	地对县关口	JB.TS.TMR.2211113010...	唐山.八里庄站/35kV.八西线311主...
3	冀北.南化站	交流220kV	55011606164329	521	0	8000	地对县关口	JB.TS.TMR.2210799010...	唐山.南化站/10kV.南东2线521负...
4	唐山.左家坞站	交流110kV	55011606164535	311	3691800	1152900	地对县关口	JB.TS.TMR.2211151010...	唐山.左家坞站/35kV.左城一线311...
5	唐山.白官屯站	交流110kV	55011606165089	511	410720	0	地对县关口	JB.TS.TMR.2211160010...	唐山.白官屯站/10kV.天顺线511负...
6	唐山.苏家洼站	交流110kV	55011606165606	513	163344	78976	地对县关口	JB.TS.TMR.2211164010...	唐山.苏家洼站/10kV.罗文峪513负...
7	冀北.遵化站	交流220kV	55011606165731	521	6200	0	地对县关口	JB.TS.TMR.2210796010...	唐山.遵化站/10kV.钢铁厂线521负...
8	唐山.龙山站	交流110kV	55011606167787	514	1057200	2524800	地对县关口	JB.TS.TMR.2211128010...	唐山.龙山站/10kV.514负荷主表
9	唐山.南台站	交流110kV	55011606167850	323	1120	0	地对县关口	JB.TS.TMR.2211126010...	唐山.南台站/35kV.南蔡线323主表
10	冀北.西铺站	交流220kV	55011606263381	唐山.西铺站/110kV.121开关	4626600	693000	地对县关口	JB.TS.TMR.2210747010...	唐山.西铺站-110kV.西下线121主表
11	冀北.曹妃甸站	交流220kV	55011606290436	冀北.曹妃甸站/220kV.2219开关	52277500	12375000	地对县关口	JB.TS.TMR.2211076010...	冀北.曹妃甸站/220kV.曹轧2线22...
12	冀北.曹妃甸站	交流220kV	55011606290665	冀北.曹妃甸站/220kV.2218开关	51837500	12265000	地对县关口	JB.TS.TMR.2211076010...	冀北.曹妃甸站/220kV.曹轧1线22...
13	唐山.钱营站	交流110kV	55011607058561	唐山.钱营站/35kV.313开关	252	14546238	地对县关口	JB.TS.TMR.2211102010...	唐山.钱营站/35kV.钱齐线313主表
14	唐山.孤树站	交流110kV	55011612284815	522	600	0	地对县关口	JB.TS.TMR.2211095010...	唐山.孤树站/10kV.522负荷主表
15	唐山.八里庄站	交流110kV	55011702131344	唐山.八里庄站/10kV.525开关	757800	231600	地对县关口	JB.TS.TMR.2211113010...	唐山.八里庄站/10kV.八车线525负...
16	唐山.龙王庙站	交流110kV	55011702152312	唐山.龙王庙站/10kV.523开关	908240	296480	地对县关口	JB.TS.TMR.2211162010...	唐山.龙王庙站/10kV.师范二线523...
17	唐山35kV大用户站	交流220kV	55011711291022	滦县陡河开关	-110400	0	地对县关口	00000177562	滦县覆雪棵子镇站516
18	唐山.后屯站	交流110kV	55011803246490	唐山.后屯站/35kV.322开关	2000040	0	地对县关口	JB.TS.TMR.2210765010...	唐山.后屯站/35kV.马矿线322负荷...
19	唐山.王摆庄	交流110kV	55011803246704	唐山.王摆庄/35kV.311开关	493500	0	地对县关口	JB.TS.TMR.2211064010...	唐山.王摆庄/35kV.311负荷主表
20	唐山.新军屯站	交流110kV	55011803246731	唐山.新军屯站/35kV.311开关	1680	0	地对县关口	JB.TS.TMR.2210759010...	唐山.新军屯站/35kV.新隆线311负...

图 9－35　异常类型明细

9.5 重点工作检查分析

9.5.1 重点工作检查看板

菜单位置：电量与线损监测分析－重点工作检查分析－重点工作检查看板，见图 9－36。

9.5.1.1 条件筛选区

对当前登录人所属单位及其下级单位的分区指标、分压指标、母平指标等指标信息进行统计，并按要求展示。可选择当前单位、查询日期、是否农网等筛选条件对检查看板进行查看。

9.5.1.2 明细展示区

1. 指标展示

将鼠标移动到具体指标项，即可展示指标项中具体的指标信息，见图 9－37。

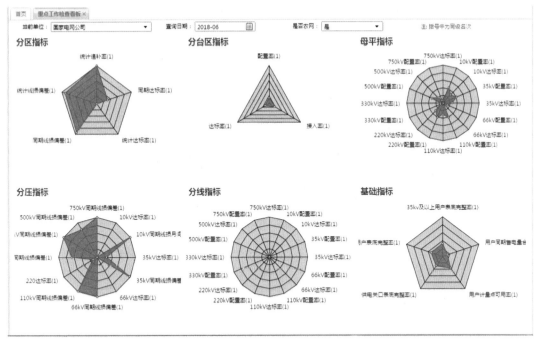

图 9-36 重点工作检查看板

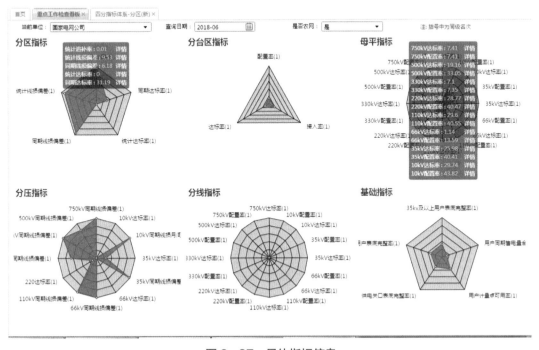

图 9-37 具体指标信息

2. 详情

点击指标信息卡中的"详情"即可展示该指标详细信息，包括本单位指标趋势及下级单位指标排名，见图9-38。

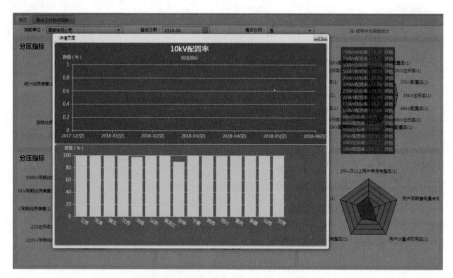

图9-38 具体指标信息详情

9.5.2 2017年重点工作检查监测

菜单位置：电量与线损监测分析－重点工作检查分析－2017年重点工作检查监测，见图9-39。

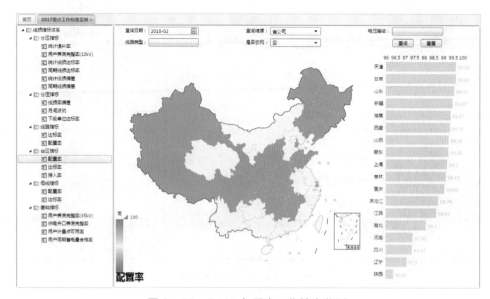

图9-39 2017年重点工作检查监测

9.5.2.1 条件筛选区

对当前登录人所属单位及其下级单位的分区指标、分压指标、母平指标等具体指标信息进行统计，并按要求展示。选择指标名称、查询日期、查询维度、电压等级、线路类型、是否农网等条件后点击【查询】按钮即可查询相应指标情况，点击【重置】按钮即可清空筛选条件。

9.5.3 2018 年重点工作检查监测

菜单位置：电量与线损监测分析 – 重点工作检查分析 – 2018 年重点工作检查监测，见图 9–40。

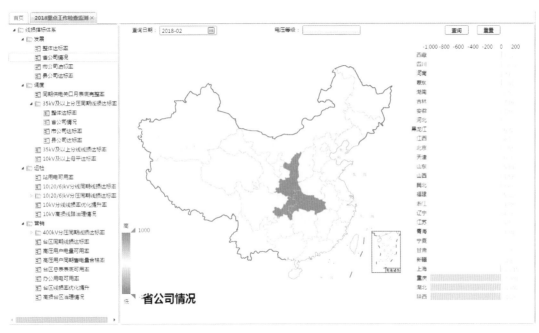

图 9–40　2018 年重点工作检查监测

9.5.3.1 条件筛选区

对当前登录人所属单位及其下级单位，按照发展、调度、运检、营销等部门具体指标信息进行统计，并按要求展示。选择指标名称、查询日期、电压等级等条件后点击【查询】按钮即可查询指标情况，点击【重置】按钮即可清空查询条件。

9.6 数据传输及计算任务监控

菜单位置：电量与线损监测分析 – 数据传输及计算任务监控，见图 9–41。

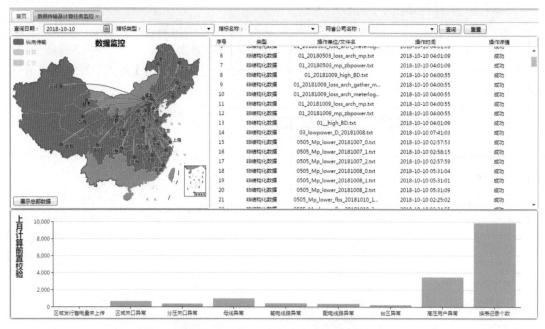

图9-41　数据传输及计算任务监控

9.6.1　条件筛选区

对当前登录人所属单位及其下级单位的数据传输和计算任务进行监控。选择查询日期、指标类型、指标名称、网省公司名称等条件后，点击【查询】按钮即可对数据传输任务进行查询，点击【重置】按钮即可清空筛选条件。

9.6.2　明细展示区

1.异常数据

点击上月计算前置校验中的"异常个数"，即可穿透到相应【电量异常分析】界面，对数据传输的异常数据明细进行查看，见图9-42。

2.单位名称

点击"单位名称"可穿透到该单位下级单位异常明细界面，见图9-43。

3.异常数据明细

点击"异常数据"即可穿透到对应的电量异常明细界面，对该异常明细进行查询，见图9-44。

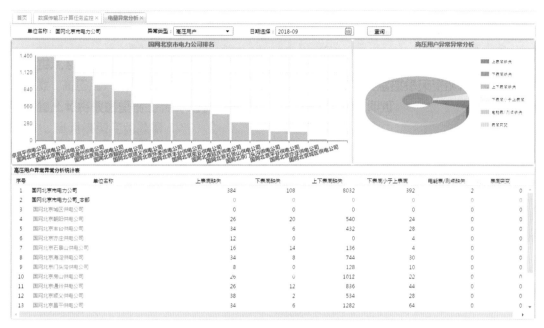

图 9-42　电量异常分析

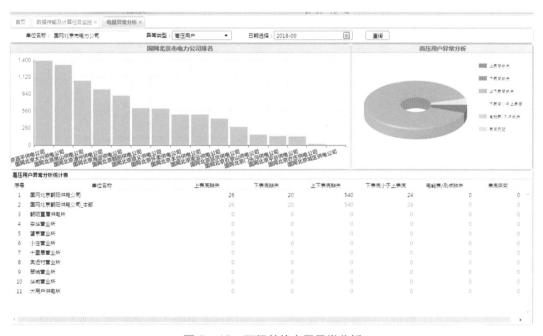

图 9-43　下级单位电量异常分析

图 9-44　异常数据明细

第 10 章

线损报表管理

10.1 功 能 介 绍

提供汇总统计，上报，导出 Excel、Word、PDF，打印，根据报表年月和上报状态查询明细，以及删除解锁或者未上报状态的明细数据两大项功能。

10.2 统 计 报 表 管 理

菜单位置：线损报表管理–统计线损报表，见图 10–1。

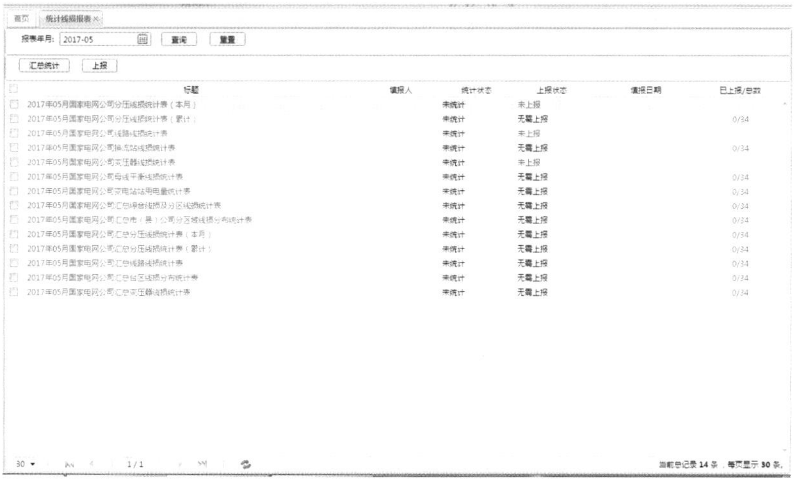

图 10-1　统计线损报表

10.2.1 条件筛选区

该模块对总部、省、市、县等公司进行报表汇总统计，上报，导出 Excel、Word、PDF，打印、根据报表年月和上报状态查询明细以及删除解锁或者未上报状态的明细数据，如国家电网公司分压线损统计表（本月）、国家电网公司分压线损统计表（累计）、国家电网公司线路线损统计表、国家电网公司换流站线损统计表、国家电网公司变压器线损统计表、国家电网公司母线平衡线损统计表、国家电网公司变电站站用电量统计表、国家电网公司汇总综合线损及分区线损统计表、国家电网公司汇总市（县）公司分区域线损分布统计表、国家电网公司汇总分压线损统计表（本月）、国家电网公司汇总分压线损统计表（累计）、国家电网公司汇总线路线损统计表、国家电网公司汇总台区线损分布统计表、国家电网公司汇总变压器线损统计表。

10.2.2 功能操作区

1. 汇总统计

选择所需数据，点击【汇总统计】按钮，可以统计报表信息，见图 10-2。

图 10-2 统计线损报表汇总统计

2. 上报

点击【上报】按钮，可以上报报表信息。

10.2.3 明细展示区

1. 标题

点击查询报表的"标题",进入【查看分压线损统计表(累计)】界面,可以查看本单位的统计报表信息,见图 10-3。

图 10-3　查看分压线损统计表(累计)

2. 已上报/总数

点击 "已上报/总数",进入【查看分压线损统计表(累计)下级进度】界面,可以查看下级单位的统计报表信息上报情况。

10.3　理论线损报表

菜单位置:线损报表管理-理论线损报表,见图 10-4。

10.3.1 条件筛选区

理论线损报表是对设备、容载比、损耗(含无损、不含无损)等进行数据综合统计的功能,系统内部可以进行数据汇总统计、数据回填、历史数据查看以及报表上报等功能。点击【查询】按钮,可以查询理论线损报表信息。

图 10-4　理论线损报表

10.3.2　功能操作区

汇总统计：详细操作方法见 10.2.2 的汇总统计。

第 11 章

异常工单管理

11.1 功　能　介　绍

异常工单管理主要是针对异常原因配置，关键人员配置以及工单的详情查看、工单派发和工单处理等问题。

11.2　异　常　原　因　配　置

菜单位置：异常工单管理 – 异常原因配置，见图 11 – 1。

图 11–1　异常原因配置

11.2.1 功能操作区

1. 新增

点击【新增】按钮,填写异常编码、异常类型,点击【保存】按钮即可,见图 11-2。

图 11-2 新增异常原因

2. 删除

选择需要删除的异常原因,点击【删除】按钮,在弹出的提示框中点击【确定】按钮即可进行删除操作,见图 11-3。

图 11-3 删除异常原因

11.3 关键人员配置

菜单位置:异常工单管理-关键人员配置,见图 11-4。

11.3.1 条件筛选区

对已配置的异常类型分配关键人员,包括新增、删除等功能,同时也是对异常原因进行责任人分配的入口界面。默认查询登录单位相关信息,可进行新增、保存、删除操作。

11.3.2 功能操作区

1. 新增

点击【新增】按钮,填写对应的信息,点击【保存】按钮,可保存关键人员配置信息。详细操作方法见 11.2.1 的新增。

图 11-4　关键人员配置

2. 删除

选择需要删除的关键人员，点击【删除】按钮，可进行删除操作。详细操作方法见
11.2.1 的删除。

3. 责任人配置

点击【责任人配置】按钮，进入【责任人配置】，选择管理单位、用户账号、异常类
型等信息，点击【保存】即可，见图 11-5。

图 11-5　责任人配置

1. "异常类型"只能选择在【异常原因配置】界面已配置的类型。

2. "用户账号"必须与用户登录同期线损管理系统工作台后，界面右上角用户名括号内的账号一致。

11.4 工 单 管 理

菜单位置：异常工单管理 – 工单管理，见图 11 – 6。

□	序号	工单编号	线损类别	工单状态	编号	名称	异常时间	输入电量	输出电量	当量电量	损失电量	
□	1	YCGD4440378320	分台区周期线损率异常	发起	0007851214	乐二14社#支	2018-05	3420.45	0	3469.65	-49.2	
□	2	YCGD1017898859	10kV分线周期线损率异常	发起	17M000000...	柳6板龙海线	2018-05	0	0	261727	-261727	
□	3	YCGD4503157568	10kV分线周期线损率异常	发起	2000040698	电网_南任西...	2018-05	752.5	0	755	-2.5	
□	4	YCGD1315460610	分台区周期线损率异常	发起	2000039354	电网_198常...	2018-05	300.4	0	-362028	362328.4	1
□	5	YCGD0627061619	10kV分线周期线损率异常	发起	10M140006...	七燎1J4线	2018-05	5400	0	4868.8	531.2	
□	6	YCGD7162304906	10kV分线周期线损率异常	发起	10M140002...	10kV创业1D...	2018-05	84240	0	72314.4	11925.6	
□	7	YCGD8886488616	10kV分线周期线损率异常	发起	10M140003...	车辆1D7线	2018-05	595560	0	14935960.09	-14340400.09	
□	8	YCGD7937433630	10kV分线周期线损率异常	发起	10M511111...	福永155线	2018-05	340200	0	747004.8	-406804.8	
□	9	YCGD4694408825	10kV分线周期线损率异常	发起	10M511111...	工业153线	2018-05	152160	0	138679.2	13480.8	
□	10	YCGD2190543876	10kV分线周期线损率异常	发起	10M130000...	圩东164线	2018-05	1280640	0	1153516.1	127123.9	
□	11	YCGD9686839795	10kV分线周期线损率异常	发起	10M511111...	花园1IM54线	2018-05	188040	0	595107.74	-407067.74	
□	12	YCGD6453619639	10kV分线周期线损率异常	发起	10M511111...	师范12X5线	2018-05	877320	0	1088068.3	-210748.3	
□	13	YCGD8105501075	10kV分线周期线损率异常	发起	10M130000...	纺织173线	2018-05	1051500	0	0	1051500	
□	14	YCGD2435165700	10kV分线周期线损率异常	发起	10M140000...	梦西175线	2018-05	24	0	1701632.04	-1701608.04	-7
□	15	YCGD4644193137	10kV分线周期线损率异常	发起	10M140001...	徐浦183线	2018-05	30	0	641405.1	-641375.1	
□	16	YCGD0236453434	10kV分线周期线损率异常	发起	10M130000...	绿景112线	2018-05	56820	0	21014	35806	
□	17	YCGD3547878520	10kV分线周期线损率异常	发起	10M140000...	前营111线	2018-05	420	0	0	420	
□	18	YCGD3091134062	10kV分线周期线损率异常	发起	10M511111...	中华148线	2018-05	541680	0	728961.2	-187281.2	
□	19	YCGD9694212291	分台区周期线损率异常	发起	0001733098	浩浦藤苓一期...	2018-05	0.88	0	24444	-24443.12	-27
□	20	YCGD6801833009	分台区周期线损率异常	发起	30001645	口东街道大坚...	2018-05	3229	0	42634	-39405	
□	21	YCGD7474813001	分台区周期线损率异常	发起	30001650	口东街道大坚...	2018-05	3553	0	36465	-32912	
□	22	YCGD7196394826	分台区周期线损率异常	发起	30001663	口东街道大坚...	2018-05	5745	0	50663	-44918	

当前总记录 28 条，每页显示 30 条。

图 11-6 工单管理

11.4.1 条件筛选区

展示当前单位及下级单位所有生成的工单数据,同时也可以选择管理单位、设备编号、设备名称、线路类型、工单编号、工单状态、日期等进行查询。

11.4.2 功能操作区

处理：选择异常工单，点击【处理】按钮，进入【工单详情信息】界面，操作人员可对责任工单进行回复操作，见图 11 – 7。

图 11-7　工单详情信息

　　登录【工单详情信息】界面后，如果找不到【处理】按钮，可以核对配置的关键人员是否与登录系统人员账号一致。

第 12 章

全景管理

12.1 功 能 介 绍

主要实现当前登录用户单位的变电站、关口等电力设备在地图中的展示功能，由运检部门的 GIS 系统接入地图数据。

12.2 全 景 展 示

菜单位置：全景展示–全景展示，见图 12–1。

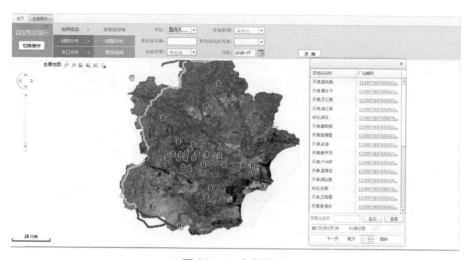

图 12–1 全景展示

12.2.1　条件筛选区

通过单位设置、变电站名称条件设置、日期设置等，选择对应的设备，点击【查询】按钮可在地图中进行位置展示，再点击【查询】按钮即可进行全景展示。

12.2.2　明细展示区

点击界面右边名称，可以定位到具体的位置，同时进入设备详情界面，可以查看设备的具体信息，见图 12-2。可以展示电力设备在地图中的位置信息，见图 12-3。还可以展示电力设备的详细具体信息，可点击"输电线路"、"主变"等切换查看具体信息。

图 12-2　设备详情界面

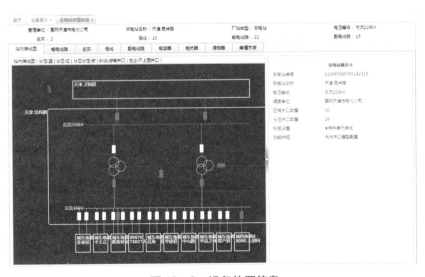

图 12-3　设备位置信息

第 13 章

考核指标管理

13.1 功　能　介　绍

提供对档案接入、数据一致性核查、白名单管理、系统建设评价表、监控指标等考核指标进行汇总统计展示等功能。登录用户可以查看其单位及下级单位的指标情况，部分异常指标可以查看具体异常明细。

13.2 档　案　接　入

菜单位置：线损重点工作检查－档案接入，见图 13－1。

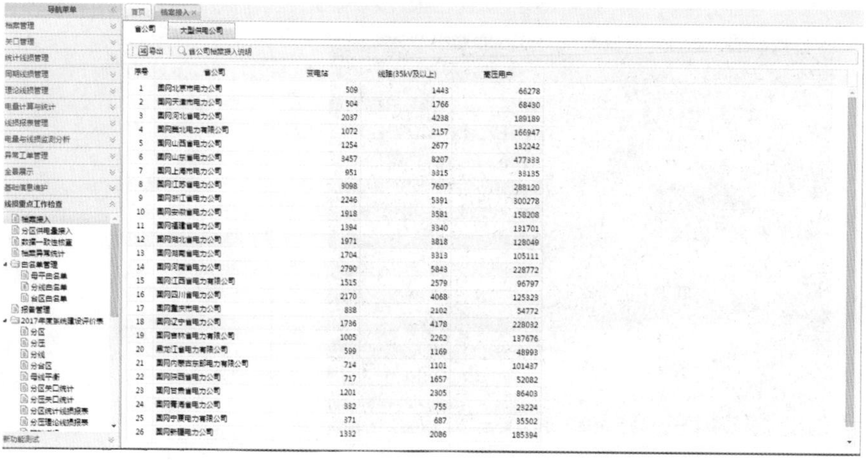

图 13-1　档案接入

13.2.1　条件筛选区

该功能主要是对省公司和大型供电单位变电站、线路、高压用户、配电变压器等档案的统计，可以查看省公司以及大型供电公司的档案接入情况。

13.2.2　功能操作区

导出：点击【导出】按钮，可以导出界面展示的档案接入信息。

小贴士

1. 变电站：统计厂站类型为变电站、状态为在运、资产性质为非用户；线路（35kV 及以上）。
2. 线路：类型为输电配电、运行状态为在运、电压等级 35kV 及以上。
3. 高压用户；用户类型为高压、非拆户的用户数量。

13.3　分区供电量接入

菜单位置：线损重点工作检查 – 分区供电量接入，见图 13 – 2。

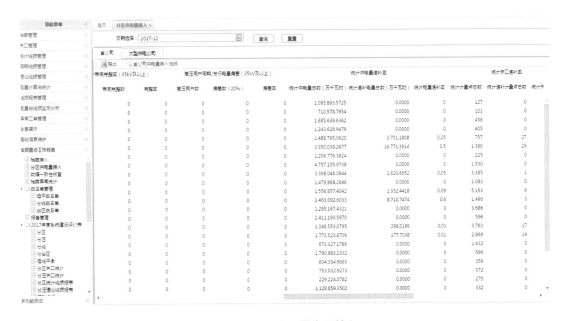

图 13 – 2　分区供电量接入

13.3.1　条件筛选区

主要是对省公司和大型供电单位供电计量点个数、统计同期表底完整计量点个数、高压用户表底完整率等进行统计，可以查看省公司以及大型供电公司的档案接入情况，选择日期，点击【查询】按钮即可。

13.3.2　功能操作区

导出：点击【导出】按钮，可以导出界面展示的分区供电量接入信息。

 小贴士

1. 开关电压等级为35kV及以上的区域关口下的供电计量点个数(计量点去重)。

2. 完整数指区域关口计量点正向或反向上下表底完整的数据。

3. 高压用户数：用户档案中用户类型为高压用户，状态为非销户、电压等级为 35kV 及以上。

4. 如果需要查看最新实时数据，需要点击分区线损界面"汇总"按钮。

13.4　数据一致性核查–统计

菜单位置：线损重点工作检查–数据一致性核查–统计，见图 13–3。

序号	单位名称	公用变电站						公用配变						10kV线路			
		线损	平台	PMS	偏差条数	白名单条数	受理后偏差条数	线损	平台	PMS	偏差条数	白名单条数	受理后偏差条数	线损	平台	PMS	偏差条数
1	北京	532	532	532	0	0	0	80953	80953	80953	0	0	0	8675	8675	8675	0
2	天津	508	508	508	0	0	0	44223	44223	44223	0	0	0	5229	5229	5229	0
3	河北	2056	2056	2056	0	0	0	395680	395680	395680	0	0	0	12361	12361	12361	0
4	冀北	1089	1096	1096	7	7	0	68421	68421	68421	0	0	0	5477	5477	5477	0
5	山西	1272	1272	1272	0	0	0	93815	93815	93815	0	0	0	5893	5893	5893	0
6	山东	3473	3473	3473	0	0	0	341586	341586	341586	0	0	0	22157	22157	22157	0
7	上海	964	964	964	0	0	0	122690	122690	122690	0	0	0	16872	16872	16872	0
8	江苏	3130	3130	3130	0	0	0	554966	554966	554966	0	0	0	33231	33231	33231	0
9	浙江	2299	2299	2299	0	0	0	290133	290133	290133	0	0	0	27046	27046	27046	0
10	安徽	1946	1946	1946	0	0	0	230033	230033	230033	0	0	0	12194	12194	12194	0
11	福建	1422	1422	1422	0	0	0	145272	145272	145272	0	0	0	12885	12885	12885	0
12	湖北	1990	2031	2031	41	41	0	268499	268499	268499	0	0	0	12688	12758	12758	70
13	湖南	1720	1720	1720	0	0	0	234810	234810	234811	1	1	0	10492	10497	10497	5
14	湖南	1720	1720	1720	0	0	0	234810	234810	234811	1	1	0	10492	10497	10497	5
15	河南	2846	2846	2846	0	0	0	375130	375130	375130	0	0	0	15523	15523	15523	0
16	江西	1536	1536	1536	0	0	0	179179	179179	179179	0	0	0	8735	8727	8727	8
17	四川	2211	2238	2238	27	27	0	264517	264517	264517	0	0	0	10594	10780	10780	186
18	重庆	853	853	853	0	0	0	140747	140747	140747	0	0	0	6982	6982	6982	0
19	辽宁	1763	1763	1763	0	0	0	166701	166701	166701	0	0	0	10661	10661	10661	0
20	吉林	992	992	992	0	0	0	110195	110195	110195	0	0	0	4139	4139	4139	0
21	黑龙江	609	609	609	0	0	0	32131	32131	32131	0	0	0	2360	2360	2360	0
22	蒙东	726	726	726	0	0	0	51015	51015	51015	0	0	0	2500	2500	2500	0

图 13–3　数据一致性核查–统计

13.4.1　条件筛选区

实现系统对线损、平台、源端的公用变压器电站数、公用配电变压器数、10kV 配电线路数、高压用户数的统计和偏差对比分析等功能。该功能由总部每天更新，更新之前需要各省公司将数据提前上传。选择日期，点击【查询】按钮即可。

13.4.2　功能操作区

导出：点击【导出】按钮，可以导出界面展示的数据一致性信息。

13.4.3　明细展示区

白名单数：点击【白名单数】按钮，进入【白名单详情】界面，可以查看白名单详情信息，见图 13－4。

图 13－4　白名单详情

13.5　白名单管理

13.5.1　分线白名单

菜单位置：线损重点工作检查–白名单管理–分线白名单，见图 13－5。

13.5.1.1　条件筛选区

对线路以及数据一致性核查考核中符合白名单条件的进行展示，进入白名单的线路将在对应的指标考核中剔除。可选择影响月份、报备时间、报备状态等条件进行线路白名单明细查询工作。

图 13-5　分线白名单

13.5.1.2　功能操作区

1. 导出

点击【导出】按钮，可以导出界面展示的线路白名单信息。

2. 删除

选择一条数据，点击【删除】按钮，可删除线路白名单数据。

13.5.2　母平白名单

菜单位置：线损重点工作检查–白名单管理–母平白名单，见图 13-6。

图 13-6　母平白名单

13.5.2.1　条件筛选区

对母线以及数据一致性核查考核中符合白名单条件的进行展示,进入白名单的母线将在对应的指标考核中剔除。可选择影响月份、报备时间、报备状态等条件进行母线白名单明细查询工作。

13.5.2.2　功能操作区

1. 导出

点击【导出】按钮,可以导出界面展示的母线白名单信息。

2. 删除

选择一条数据,点击【删除】按钮可删除母线白名单数据。

13.5.3　台区白名单

菜单位置:线损重点工作检查 – 白名单管理 – 台区白名单,见图 13 – 7。

图 13 – 7　台区白名单

13.5.3.1　条件筛选区

对台区以及数据一致性核查考核中符合白名单条件的进行展示,进入白名单的台区将在对应的指标考核中剔除。可选择影响月份、报备时间、报备状态等条件进行台区白名单明细查询工作。

13.5.3.2　功能操作区

1. 导出

点击【导出】按钮,可以导出界面展示的台区白名单信息。

2. 删除

选择一条数据，点击【删除】按钮可删除台区白名单数据。

13.5.4 数据一致性核查白名单

菜单位置：线损重点工作检查－白名单管理－数据一致性核查白名单，见图13－8。

图13－8 数据一致性核查白名单

13.5.4.1 条件筛选区

对数据一致性核查考核中符合白名单条件的公用变电站、高压用户、公用配电变压器、配电线路等进行展示，进入白名单的在指标考核中剔除。可选择数据项、日期选择等条件进行查询工作。

13.5.4.2 功能操作区

1. 导出

点击【导出】按钮，可以导出界面展示的高压用户、公用配电变压器等白名单信息。

2. 删除

选择一条数据，点击【删除】按钮可删除高压用户、公用配电变压器等白名单数据。

3. 查看详情

选择一条数据，点击【查看详情】按钮进入【详情】界面，可以查看详细信息，见图13－9。

4. 处理

点击【处理】按钮，进入【受理详情】界面，填写处理说明，点击【受理】按钮或【退回】按钮即可处理该申请，见图13－10。

图 13-9　数据一致性核查白名单详情

图 13-10　数据一致性核查白名单受理详情

13.6　考　核　指　标

13.6.1　发展-分区

菜单位置：线损重点工作检查-2018年度系统建设评价表-发展-分区，见图13-11。

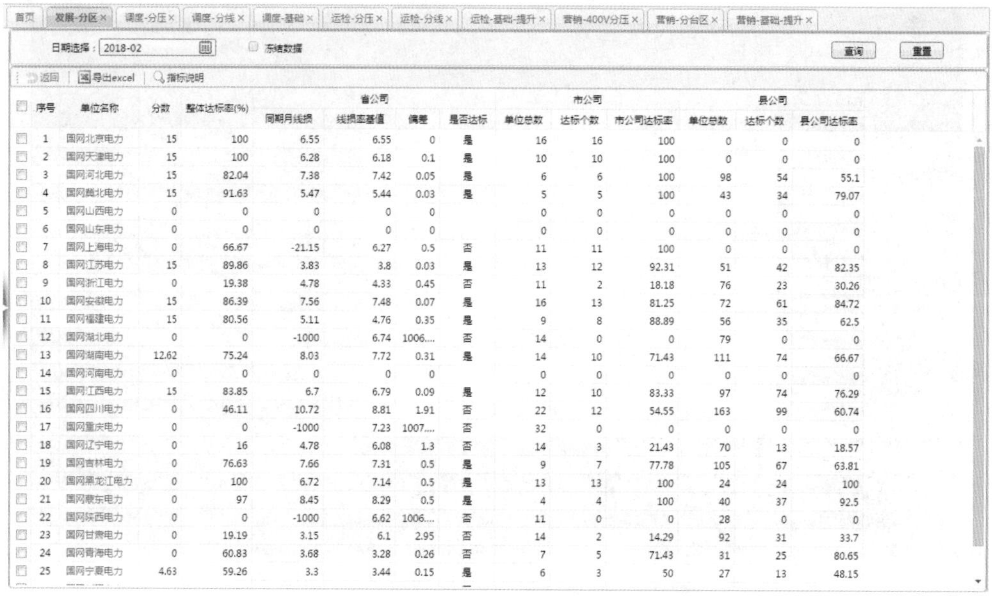

序号	单位名称	分数	整体达标率(%)	省公司				市公司			县公司		
				同期月线损	线损率基值	偏差	是否达标	单位总数	达标个数	市公司达标率	单位总数	达标个数	县公司达标率
1	国网北京电力	15	100	6.55	6.55	0	是	16	16	100	0	0	0
2	国网天津电力	15	100	6.28	6.18	0.1	是	10	10	100	0	0	0
3	国网河北电力	15	82.04	7.38	7.42	0.05	是	6	6	100	98	54	55.1
4	国网冀北电力	15	91.63	5.47	5.44	0.03	是	5	5	100	43	34	79.07
5	国网山西电力	0	0	0	0	0		0	0	0	0	0	0
6	国网山东电力	0	0	0	0	0		0	0	0	0	0	0
7	国网上海电力	0	66.67	-21.15	6.27	0.5	否	11	11	100	0	0	0
8	国网江苏电力	15	89.86	3.83	3.8	0.03	是	13	12	92.31	51	42	82.35
9	国网浙江电力	0	19.38	4.78	4.33	0.45	否	11	2	18.18	76	23	30.26
10	国网安徽电力	15	86.39	7.56	7.48	0.07	是	16	13	81.25	72	61	84.72
11	国网福建电力	15	80.56	5.11	4.76	0.35	是	9	8	88.89	56	35	62.5
12	国网湖北电力	0	0	-1000	6.74	1006....	否	14	0	0	79	0	0
13	国网湖南电力	12.62	75.24	8.03	7.72	0.31	是	14	10	71.43	111	74	66.67
14	国网河南电力	0	0	0	0	0		0	0	0	0	0	0
15	国网江西电力	15	83.85	6.7	6.79	0.09	是	12	10	83.33	97	74	76.29
16	国网四川电力	0	46.11	10.72	8.81	1.91	否	22	12	54.55	163	99	60.74
17	国网重庆电力	0	0	-1000	7.23	1007....	否	32	0	0	0	0	0
18	国网辽宁电力	0	16	4.78	6.08	1.3	否	14	3	21.43	70	13	18.57
19	国网吉林电力	0	76.63	7.66	7.31	0.5	是	9	7	77.78	105	67	63.81
20	国网黑龙江电力	0	100	6.72	7.14	0.5	是	13	13	100	24	24	100
21	国网蒙东电力	0	97	8.45	8.29	0.5	是	4	4	100	40	37	92.5
22	国网陕西电力	0	0	-1000	6.62	1006....	否	11	0	0	28	0	0
23	国网甘肃电力	0	19.19	3.15	6.1	2.95	否	14	2	14.29	92	31	33.7
24	国网青海电力	0	60.83	3.68	3.28	0.26	否	7	5	71.43	31	25	80.65
25	国网宁夏电力	4.63	59.26	3.3	3.44	0.15	是	6	3	50	27	13	48.15

图 13－11　发展分区 2018 年度系统建设评价表

13.6.1.1　条件筛选区

针对考核指标要求的发展分区指标，实现展示的功能。【发展－分区】界面判断当前用户单位同期月线损，线损率基值，偏差，是否达标，整体分区达标率，得分，下级单位总数、达标数、达标率等信息。选择日期，点击【查询】按钮即可。点击【冻结数据】按钮可以查看冻结数据。

13.6.1.2　功能操作区

1. 导出

点击【导出】按钮，可以导出界面展示的指标信息。

2. 返回

点击【返回】按钮，返回当前单位的上级单位，可以查看上级单位的指标信息。

13.6.1.3　明细展示区

单位名称：点击“单位名称”可以查看下级单位的达标情况。

小贴士

1. 线损率基准值：考核期前 6 个月合格的同期线损平均值（若 2017 年 7 月以来，无任何一个月同期线损合格，则第一期考核按照 2017 年累计线损率，波动在 1 个百分点以内为合格）。

2. 前 6 个月中有 3 个月在考核范围内开始计算基准值，此后算基准值得先判断是否达标。

3. 线损率与线损率基准值差值在规定的范围内为合格。

13.6.2 分区关口统计

菜单位置:线损重点工作检查–2017 年度系统建设评价表–分区关口统计,见图 13–12。

序号	数据日期及单位名称	电厂			上级供入	省对省输入	省对省输出	省对地	地对地	地对县	县对县	分布式电源
		省调	地调	县调								
1	2018-07国网北京市电力公司	61	12	0	40	0	0	471	444	0	0	10993
2	2018-07国网天津市电力公司	110	0	0	50	0	0	562	310	409	239	3808
3	2018-07国网河北省电力公司	104	208	190	28	0	0	862	2	2818	53	140554
4	2018-07国网冀北电力有限公司	206	54	43	141	0	0	272	6	3687	12	38753
5	2018-07国网山西省电力公司	442	269	110	6	0	30	788	15	4844	1007	71868
6	2018-07国网山东省电力公司	337	1068	0	12	0	0	930	22	6892	173	198525
7	2018-07国网上海市电力公司	173	31	0	6	12	2	865	416	0	0	0
8	2018-07国网江苏省电力公司	415	1250	0	6	19	0	2856	7	4083	235	116540
9	2018-07国网浙江省电力公司	204	346	2917	4	41	27	880	4	5500	72	179480
10	2018-07国网安徽省电力公司	211	268	628	27	0	12	798	0	1077	1672	113541
11	2018-07国网福建省电力公司	131	540	4534	4	0	0	935	14	1063	28	16881
12	2018-07国网湖北省电力公司	149	358	953	35	2	13	478	30	3503	302	20435
13	2018-07国网湖南省电力公司	244	167	3314	7	0	0	521	17	2504	300	16056
14	2018-07国网河南省电力公司	405	155	119	14	0	2	824	6	4295	92	88066
15	2018-07国网江西省电力有限公司	100	160	2292	3	0	0	449	34	3528	59	80075
16	2018-07国网四川省电力公司	378	260	2206	28	7	7	569	444	1942	1697	2041
17	2018-07国网重庆市电力公司	109	1301	0	12	6	6	484	353	0	3	1883
18	2018-07国网辽宁省电力有限公司	143	311	131	8	12	12	614	17	7260	328	20298
19	2018-07国网吉林省电力有限公司	175	106	68	0	14	14	355	6	3089	904	5033
20	2018-07黑龙江电力有限公司	300	267	0	4	22	10	726	21	1142	0	828
21	2018-07国网内蒙古东部电力有限	124	103	0	5	20	33	276	0	973	12	11
22	2018-07国网陕西省电力公司	77	231	13	5	4	4	209	191	4114	1	12423
23	2018-07国网甘肃省电力公司	178	544	197	11	19	19	362	179	4300	200	16893
24	2018-07国网青海省电力有限公司	138	161	137	6	8	8	187	65	1390	23	1906
25	2018-07国网宁夏电力有限公司	294	0	0	6	4	4	516	78	2421	5	3013
26	2018-07国网新疆电力公司	175	863	0	10	6	4	763	27	6278	0	688

图 13–12　分区关口统计

13.6.2.1 条件筛选区

考核要求对省市县公司,实现对不同关口类型的分区关口的统计功能。选择管理单位、日期类型及日期等信息,点击【查询】按钮即可。

13.6.2.2 功能操作区

导出:点击【导出】按钮,可以导出界面展示分区关口信息。

13.6.2.3 明细展示区

单位名称:点击"单位名称"可以查看下级单位的分区关口信息。

小贴士

分区关口包括:

1. 省调、地调、县调电厂上网关口。

2. 省对省、地对地、县对县关口。

3. 省对地、地对县等关口。

13.6.3 分区统计线损报表

菜单位置:线损重点工作检查–2017 年度系统建设评价表–分区统计线损报表,见

图 13 – 13。

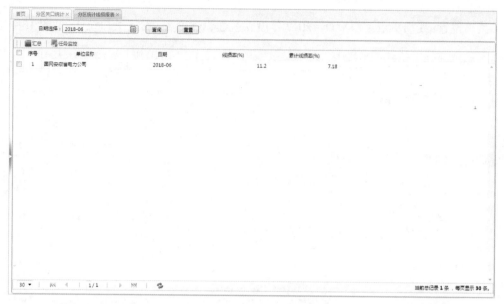

图 13–13　分区统计线损报表

13.6.3.1　条件筛选区

实现对年度累计统计分区线损率和月度统计线损率报表的统计汇总功能。选择管理单位、日期等信息，点击【查询】按钮即可。

13.6.3.2　功能操作区

1. 汇总

选择需要汇总的数据，点击【汇总】按钮，即可对报表进行汇总。

2. 任务监控

点击【任务监控】按钮可以查看汇总情况。

13.6.4　调度–分压

菜单位置：线损重点工作检查–2018 年度系统建设评价表–调度–分压，见图 13 – 14。

13.6.4.1　条件筛选区

对考核指标要求的调度分压指标，实现展示功能。【调度–分压】界面展示当前用户单位分压同期月线损情况，基数，达标数，不达标个数，达标率，得分，单位整体达标率等信息。选择具体单位，点击【冻结数据】按钮可以查看已冻结的数据。

13.6.4.2　功能操作区

导出：点击【导出】按钮，可以导出界面展示的分压指标信息。

13.6.4.3　明细展示区

单位名称：点击【单位名称】按钮可以查看下级单位的达标情况。

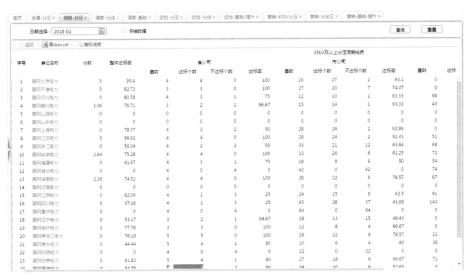

图 13-14 调度分压 2018 年度系统建设评价表

1. 基准值：各电压等级 2017 年理论分压线损。
2. 线损率与基准值的差值在规定范围内为合格。

13.6.5 分压关口统计

菜单位置：线损重点工作检查-2017 年度系统建设评价表-分压关口统计，见图 13-15。

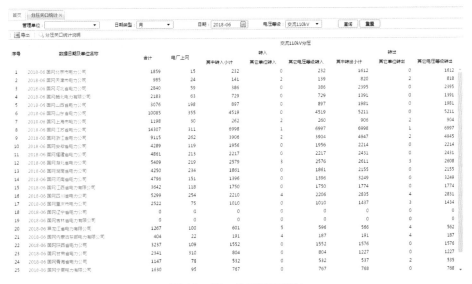

图 13-15 分压关口统计

13.6.5.1 条件筛选区

考核要求对省市县公司，实现对不同电压等级的分压关口的统计功能。选择管理单位、日期类型及日期等信息，点击【查询】按钮即可。

13.6.5.2 功能操作区

导出：点击【导出】按钮，可以导出界面展示的分压关口信息。

13.6.5.3 明细展示区

单位名称：点击【单位名称】按钮可以查看下级单位的分压关口统计情况。

小贴士

1. 电厂：受电单位、受电电压为查询条件的电压等级、关口性质电厂上网。
2. 其他单位输入：受电单位、受电电压为查询条件的电压等级、关口性质跨单位。
3. 其他电压等级输入：受电单位、受电电压为查询条件的电压等级、关口性质本单位。
4. 其他单位输出：供电单位、供电电压为查询条件的电压等级、关口性质跨单位。
5. 其他电压等级输出：供电单位、供电电压为查询条件的电压等级、关口性质本单位。

13.6.6 分压理论线损报表

菜单位置：线损重点工作检查－2017 年度系统建设评价表－分压理论线损报表，见图 13－16。

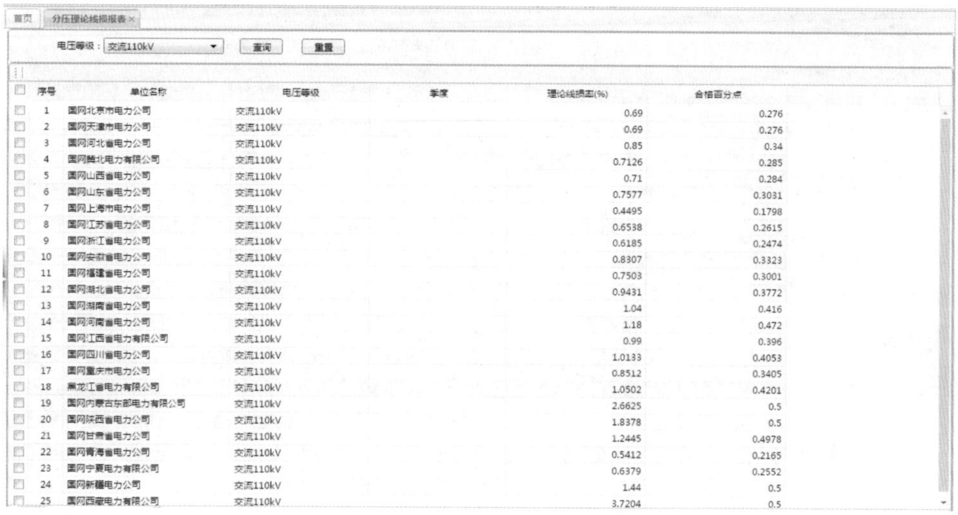

序号	单位名称	电压等级	季度	理论线损率(%)	合格百分点
1	国网北京市电力公司	交流110kV		0.69	0.276
2	国网天津市电力公司	交流110kV		0.69	0.276
3	国网河北省电力公司	交流110kV		0.85	0.34
4	国网冀北电力有限公司	交流110kV		0.7126	0.285
5	国网山西省电力公司	交流110kV		0.71	0.284
6	国网山东省电力公司	交流110kV		0.7577	0.3031
7	国网上海市电力公司	交流110kV		0.4495	0.1798
8	国网江苏省电力公司	交流110kV		0.6538	0.2615
9	国网浙江省电力公司	交流110kV		0.6185	0.2474
10	国网安徽省电力公司	交流110kV		0.8307	0.3323
11	国网福建省电力公司	交流110kV		0.7503	0.3001
12	国网湖北省电力公司	交流110kV		0.9431	0.3772
13	国网湖南省电力公司	交流110kV		1.04	0.416
14	国网河南省电力公司	交流110kV		1.18	0.472
15	国网江西省电力有限公司	交流110kV		0.99	0.396
16	国网四川省电力公司	交流110kV		1.0133	0.4053
17	国网重庆市电力公司	交流110kV		0.8512	0.3405
18	黑龙江省电力有限公司	交流110kV		1.0502	0.4201
19	国网内蒙古东部电力有限公司	交流110kV		2.6625	0.5
20	国网陕西省电力公司	交流110kV		1.8378	0.5
21	国网甘肃省电力公司	交流110kV		1.2445	0.4978
22	国网青海省电力公司	交流110kV		0.5412	0.2165
23	国网宁夏电力有限公司	交流110kV		0.6379	0.2552
24	国网新疆电力公司	交流110kV		1.44	0.5
25	国网西藏电力有限公司	交流110kV		3.7204	0.5

图 13－16 分压理论线损报表

13.6.6.1 条件筛选区

实现对不同电压等级，分压理论线损报表的统计功能。选择管理单位、日期等信息，点击【查询】按钮即可。

13.6.6.2 功能操作区

1. 汇总

选择需要汇总的数据，点击【汇总】按钮，即可对报表进行汇总。

2. 任务监控

点击【任务监控】按钮可以查看汇总情况。

13.6.7 调度－分线

菜单位置：线损重点工作检查－2018年度系统建设评价表－调度－分线，见图 13－17。

图 13－17 调度－分线 2018 年度系统建设评价表

13.6.7.1 条件筛选区

对 2018 年度考核要求的调度部门线路指标，实现展示功能。【调度－分线】界面展示当前用户单位输电线路和母线同期月线损情况、档案数、达标数、白名单数、不达标个数、达标率、得分等信息进行展示。选择日期、电压等级等条件，点击【查询】按钮即可。点击【冻结数据】按钮可以查看已冻结的数据。

13.6.7.2 功能操作区

导出：点击【导出】按钮，可以导出界面展示的指标信息。

13.6.7.3 明细展示区

1. 单位名称

点击【单位名称】按钮可以查看下级单位的达标情况。

2. 不达标数

选择具体单位，点击【不达标数】按钮进入【输电线路不达标明细】界面，可以查看不达标的线路和母线明细，可查看具体的不达标明细信息和不达标原因等信息，见图 13-18。

序号	线路编号	线路名称	所属站	管理单位	电压等级	输入电量	输出电量	损失电量	线损率
1	02M2SD00010092583	田源二	海淀.田村	国网北京市电力公司	交流35kV	1386000.00...	41300.0000	1344700.00...	97.0200
2	11653064035821250 6	北京.安朝	华北.安定	国网北京市电力公司	交流500kV	0.0000	277375000...	-277375000...	-1000.0000
3	11653064035821251 4	北京.安乐二		国网北京市电力公司	交流220kV				
4	11653064035821251 5	北京.安乐一		国网北京市电力公司	交流220kV				
5	11653064035821251 6	北京.安园二		国网北京市电力公司	交流220kV				
6	11653064035821251 7	北京.安园一		国网北京市电力公司	交流220kV				
7	11653064035821252 0	北京.安兴二		国网北京市电力公司	交流220kV				
8	11653064035821252 1	北京.安兴一		国网北京市电力公司	交流220kV				
9	11653064035821252 2	北京.安示一		国网北京市电力公司	交流220kV				
10	11653064035821252 3	北京.安示一		国网北京市电力公司	交流220kV				
11	11653064035821252 4	北京.安淄		国网北京市电力公司	交流220kV				
12	11653064035821252 5	北京.安宝二		国网北京市电力公司	交流220kV				
13	11653064035821252 6	北京.安盐二		国网北京市电力公司	交流220kV				
14	11653064035821252 7	北京.安盐一		国网北京市电力公司	交流220kV				
15	11653064035821257 5	华北.昌怀二	华北.昌平	国网北京市电力公司	交流220kV	205920.0000	48961440.0...	-48755520...	-1000.0000
16	11653064035821257 6	华北.昌怀一	华北.昌平	国网北京市电力公司	交流220kV	153120.0000	49077600.0...	-48924480...	-1000.0000
17	11653064035821257 7	北京.昌翠二		国网北京市电力公司	交流220kV				
18	11653064035821257 8	北京.昌翠一		国网北京市电力公司	交流220kV				
19	11653064035821258 0	北京.昌清二		国网北京市电力公司	交流220kV				
20	11653064035821258 1	北京.昌清一		国网北京市电力公司	交流220kV				
21	11653064035821258 4	北京.昌西二		国网北京市电力公司	交流220kV				
22	11653064035821258 5	北京.昌西一		国网北京市电力公司	交流220kV				
23	11653064035821258 6	北京.昌下二		国网北京市电力公司	交流220kV				
24	11653064035821258 7	北京.昌下一		国网北京市电力公司	交流220kV				
25	11653064035821267 2	北京.康卓二	华北.康山	国网北京市电力公司	交流220kV	0.0000	40755000.0...	-40755000...	-1000.0000

图 13-18 输电线路不达标明细

一、35kV 及以上分线线损达标

1. 轻载、空载、备用通过系统白名单报备。

2. 220kV 以上分线同期线损率在 0~2% 视为达标。

3. 35~110（66）kV 分线同期线损率在 0~3% 视为达标。

4. 分区关口涉及的线路不考虑小负损。

二、母平达标率

1. 母平模型配置不完整视为不达标。

2. 轻载、空载、备用通过系统白名单报备。

3. 220kV 及以上母线不平衡率在 -1%~1% 之间视为达标。

4. 110kV 及以下母线不平衡率在 -2%~2% 之间视为达标。

13.6.8 运检-分压

菜单位置：线损重点工作检查-2018年度系统建设评价表-运检-分压，见图13-19。

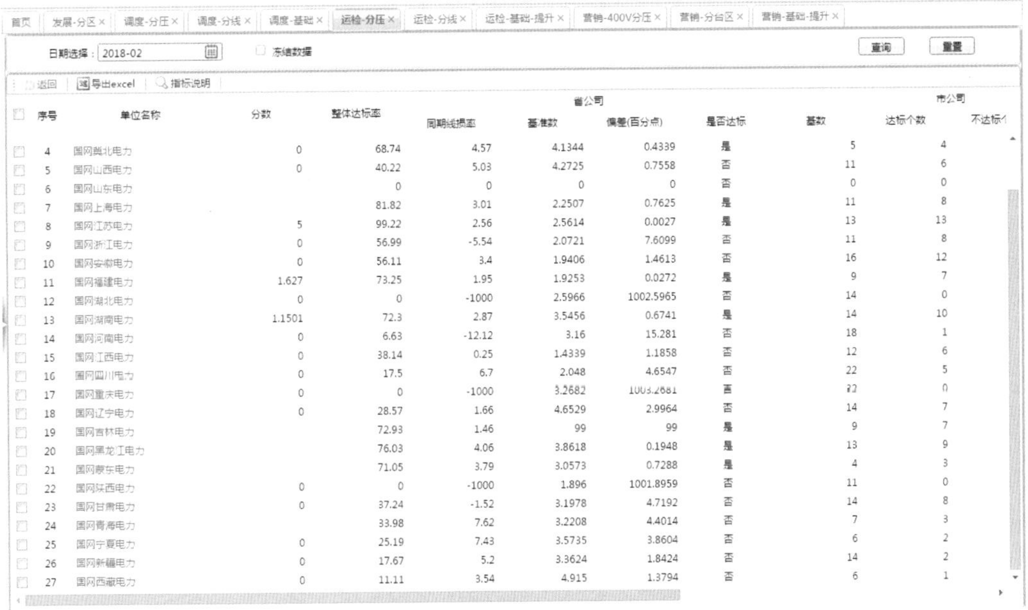

| 序号 | 单位名称 | 分数 | 整体达标值 | 省公司 | | | | 市公司 | | |
				同期线损率	基准数	偏差(百分点)	是否达标	基数	达标个数	不达标个
4	国网冀北电力	0	68.74	4.57	4.1344	0.4339	是	5	4	
5	国网山西电力	0	40.22	5.03	4.2725	0.7558	否	11	6	
6	国网山东电力		0	0	0	0	否	11	0	
7	国网上海电力		81.82	3.01	2.2507	0.7625	是	11	8	
8	国网江苏电力	5	99.22	2.56	2.5614	0.0027	是	13	13	
9	国网浙江电力	0	56.99	-5.54	2.0721	7.6099	否	16	12	
10	国网安徽电力	0	56.11	3.4	1.9406	1.4613	否	16	12	
11	国网福建电力	1.627	73.25	1.95	1.9253	0.0272	是	9	7	
12	国网湖北电力	0	0	-1000	2.5966	1002.5965	否	14	0	
13	国网湖南电力	1.1501	72.3	2.87	3.5456	0.6741	是	14	10	
14	国网河南电力	0	6.63	-12.12	3.16	15.281	否	18	1	
15	国网江西电力	0	38.14	0.25	1.4339	1.1858	否	12	6	
16	国网四川电力	0	17.5	6.7	2.048	4.6547	否	22	5	
17	国网重庆电力	0	0	-1000	3.2682	1003.2681	否	22	0	
18	国网辽宁电力	0	28.57	1.66	4.6529	2.9964	否	14	7	
19	国网吉林电力		72.93	1.46	99	99	是	11	9	
20	国网黑龙江电力		76.03	4.06	3.8618	0.1948	是	13	9	
21	国网蒙东电力		71.05	3.79	3.0573	0.7288	是	11	0	
22	国网陕西电力	0	0	-1000	1.896	1001.8959	否	14	2	
23	国网甘肃电力	0	37.24	-1.52	3.1978	4.7192	否	14	8	
24	国网青海电力		33.98	7.62	3.2208	4.4014	否	7	3	
25	国网宁夏电力	0	25.19	7.43	3.5735	3.8604	否	14	2	
26	国网新疆电力	0	17.67	5.2	3.3624	1.8424	否	14	2	
27	国网西藏电力	0	11.11	3.54	4.915	1.3794	否	6	1	

图13-19　运检-分压2018年度系统建设评价表

13.6.8.1 条件筛选区

【运检-分压】界面展示当前用户单位分压同期月线损情况、同期线损率、基准数、偏差、是否达标、得分、单位整体达标率等信息，选择日期等条件，点击【查询】按钮即可。点击【冻结数据】按钮可以查看已冻结的数据。

13.6.8.2 功能操作区

导出：点击【导出】按钮，可以导出界面展示的指标信息。

13.6.8.3 明细展示区

单位名称：点击【单位名称】按钮可以查看下级单位的达标情况。

小贴士

1. 线损率-基准值≤1个百分点，且线损率1%～5%（含）为合格。

2. 基准值：考核当月前6个月省、地、县公司合格的10kV分压同期线损的平均值（若2017年7月以来，无任何一个月同期线损合格，则第一期考核按照线损率1%～5%为合格。前6个月中有3个月在考核范围内开始计算基准值，此后算基准值得先判断是否达标）。

13.6.9 运检－分线

菜单位置:线损重点工作检查－2018年度系统建设评价表－运检－分线,见图13－20。

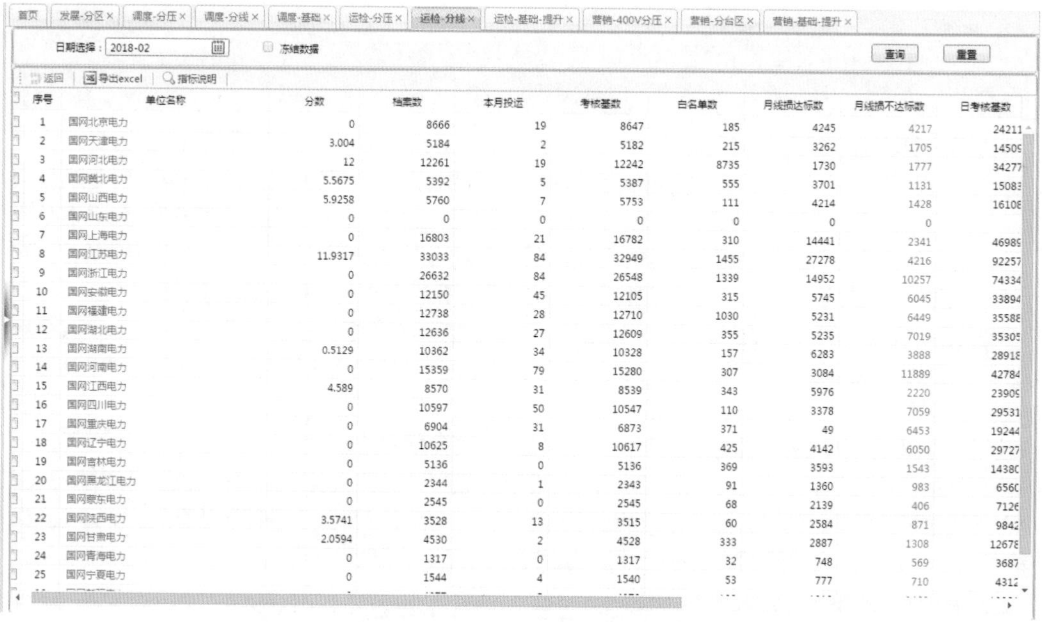

序号	单位名称	分数	档案数	本月投运	考核基数	白名单数	月线损达标数	月线损不达标数	日考核基数
1	国网北京电力	0	8666	19	8647	185	4245	4217	24211
2	国网天津电力	3.004	5184	2	5182	215	3262	1705	14509
3	国网河北电力	12	12261	19	12242	8735	1730	1777	34277
4	国网冀北电力	5.5675	5392	5	5387	555	3701	1131	15083
5	国网山西电力	5.9258	5760	7	5753	111	4214	1428	16108
6	国网山东电力	0	0	0	0	0	0	0	
7	国网上海电力	0	16803	21	16782	310	14441	2341	46989
8	国网江苏电力	11.9317	33033	84	32949	1455	27278	4216	92257
9	国网浙江电力	0	26632	84	26548	1339	14952	10257	74334
10	国网安徽电力	0	12150	45	12105	315	5745	6045	33894
11	国网福建电力	0	12738	28	12710	1030	5231	6449	35588
12	国网湖南电力	0	12636	27	12609	355	5235	7019	35305
13	国网江西电力	0.5129	10362	34	10328	157	6283	3888	28918
14	国网河南电力	0	15359	79	15280	307	3084	11889	42784
15	国网江苏电力	4.589	8570	31	8539	343	5976	2220	23909
16	国网四川电力	0	10597	50	10547	110	3378	7059	29531
17	国网重庆电力	0	6904	31	6873	371	49	6453	19244
18	国网辽宁电力	0	10625	8	10617	425	4142	6050	29727
19	国网吉林电力	0	5136	0	5136	369	3593	1543	14380
20	国网黑龙江电力	0	2344	1	2343	91	1360	983	6560
21	国网蒙东电力	0	2545	0	2545	68	2139	406	7126
22	国网陕西电力	3.5741	3528	13	3515	60	2584	871	9842
23	国网甘肃电力	2.0594	4530	2	4528	333	2887	1308	12678
24	国网青海电力	0	1317	0	1317	32	748	569	3687
25	国网宁夏电力	0	1544	4	1540	53	777	710	4312

图13－20 运检－分线2018年度系统建设评价表

13.6.9.1 条件筛选区

【运检－分线】界面展示当前用户单位配电线路同期月和日线损情况、档案数、本月投运、白名单数、月度线损达标数、月度线损不达标数、打包数、达标率、得分等信息。选择日期等条件,点击【查询】按钮即可。点击【冻结数据】按钮可查看已冻结的线路信息。

13.6.9.2 功能操作区

导出:点击【导出】按钮,可以导出界面展示的线路指标信息。

13.6.9.3 明细展示区

1. 单位名称

点击【单位名称】按钮,可以查看下级单位的达标情况。

2. 月线损不达标数

选择具体单位,点击"月线损不达标数"进入【配电线路月线损不达标明细】界面,可以查看不达标的线路明细,见图13－21。点击"线路名称"进入【线路智能看板】界面可查看线路具体信息。

图 13-21　配电线路月线损不达标明细

3. 日线损不达标数

详细操作方法与月线损不达标数一致。

1. 分线同期线损合格率 =（同期线损合格条数 + 白名单审核通过的线路数量）/线路档案数量。

2. 日同期线损在 0~10%（含）间为合格；月同期线损在 0~6%（含）为合格。

13.6.10　运检-基础-提升

菜单位置：线损重点工作检查-2018 年度系统建设评价表-运检-基础-提升，见图 13-22。

13.6.10.1　条件筛选区

【运检-基础-提升】界面展示当前用户单位基础指标情况和提升指标情况、站用电可用率、10kV 高损线路治理情况和 10kV 分线线损优化率提升等信息。选择日期等条件，点击【查询】按钮即可。点击【冻结数据】按钮可查看已冻结的指标信息。

13.6.10.2　功能操作区

导出：点击【导出】按钮，可以导出界面展示的指标信息。

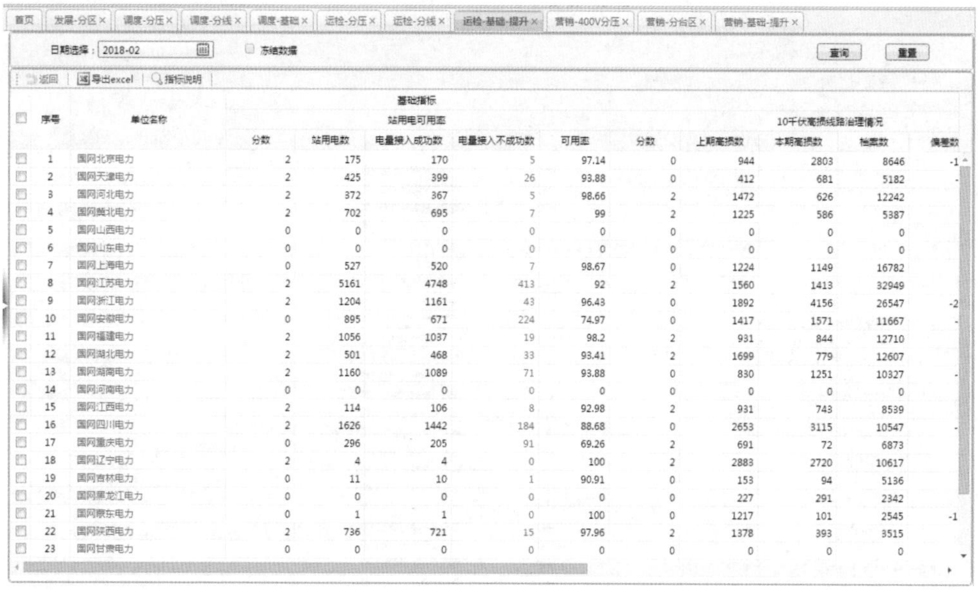

图13-22 运检-基础-提升2018年度系统建设评价表

序号	单位名称	基础指标 站用电可用率 分数	站用电数	电量接入成功数	电量接入不成功数	可用率	分数	10千伏配损线路治理情况 上期配损数	本期配损数	抽查数	偏差数
1	国网北京电力	2	175	170	5	97.14	0	944	2803	8646	-1
2	国网天津电力	2	425	399	26	93.88	0	412	681	5182	
3	国网河北电力	2	372	367	5	98.66	2	1472	626	12242	
4	国网冀北电力	2	702	695	7	99	2	1225	586	5387	
5	国网山西电力	0	0	0	0	0	0	0	0	0	
6	国网山东电力	0	0	0	0	0	0	0	0	0	
7	国网上海电力		527	520	7	98.67	0	1224	1149	16782	
8	国网江苏电力	2	5161	4748	413	92	2	1560	1413	32949	
9	国网浙江电力	2	1204	1161	43	96.43	0	1892	4156	26547	-2
10	国网安徽电力	2	895	671	224	74.97	0	1417	1571	11667	
11	国网福建电力	2	1056	1037	19	98.2	2	931	844	12710	
12	国网湖北电力	2	501	468	33	93.41	2	1699	779	12607	
13	国网湖南电力	2	1160	1089	71	93.88	0	830	1251	10327	
14	国网河南电力	0	0	0	0	0	0	0	0	0	
15	国网江西电力	2	114	106	8	92.98	2	931	743	8539	
16	国网四川电力	2	1626	1442	184	88.68	0	2653	3115	10547	
17	国网重庆电力	0	296	205	91	69.26	2	691	72	6873	
18	国网辽宁电力	2	4	4	0	100	2	2883	2720	10617	
19	国网吉林电力	0	11	10	1	90.91	0	153	94	5136	
20	国网黑龙江电力	0	0	0	0	0	0	227	291	2342	
21	国网蒙东电力	0	1	1	0	100	0	1217	101	2545	-1
22	国网陕西电力	2	736	721	15	97.96	2	1378	393	3515	
23	国网甘肃电力	0	0	0	0	0	0	0	0	0	

13.6.10.3 明细展示区

1. 单位名称

点击【单位名称】按钮可以查看下级单位的达标情况。

2. 电量接入不成功数

选择具体单位，点击"电量接入不成功数"进入【站用电接入不成功数明细】界面，可以查看站用电电量接入不成功的明细，见图13-23。

图13-23 站用电接入不成功数明细

1. 站用电可用率：电量可用的站用电个数/运检部提供的站用电总数。

2. 高线损线路治理：

计算值 =（2018 年 5 月以后线路高损历史最小值 – 本期高损线路条数）/本期线路总数。（高损指线损率大于 10%的线路）

3. 典型异常线路治理：

得分 = 治理合格线路数/（200 + 上月结余）

其中：典型异常线路为损失电量较大的 200 条异常线路，并作为下月重点线损治理线路。

抽取基本规则：一般选取连续三个月高损、损失电量较大、供售不为零线路。

13.6.11　营销–400V 分压

菜单位置：线损重点工作检查 – 2018 年度系统建设评价表 – 营销 – 400V 分压，见图 13 – 24。

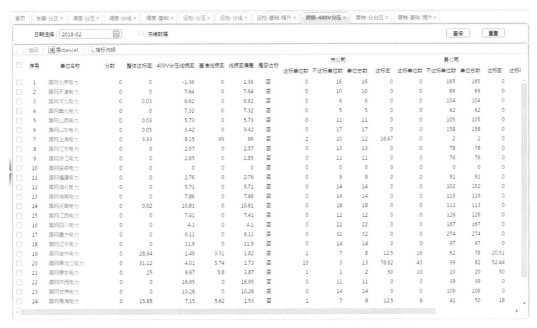

图 13–24　营销–400V 分压 2018 年度系统建设评价表

13.6.11.1　条件筛选区

【营销–400V 分压】界面展示当前用户单位 400V 分压线损指标情况，400V 分压线损率、基准线损率、线损率偏差、是否达标、整体达标率和分数等信息。选择日期等条件，点击【查询】按钮即可。点击【冻结数据】按钮可查看已冻结的指标信息。

13.6.11.2 功能操作区

导出：点击【导出】按钮，可以导出界面展示的台区指标信息。

13.6.11.3 明细展示区

单位名称：点击【单位名称】按钮可以查看下级单位的达标情况。

> **小贴士**
>
> 1. 线损率－基准值≤1 个百分点，且线损率 1%～6%（含）为合格。
>
> 2. 基准值为考核当月前 6 个月省、地、县、所合格的 0.4kV 分压同期线损的平均值（若 2017 年 7 月以来，无任何一个月同期线损合格，则第一期考核按照线损率 1%～6%为合格前 6 个月中有 3 个月在考核范围内开始计算基准值，此后算基准值得先判断是否达标）。

13.6.12 营销－分台区

菜单位置：线损重点工作检查－2018 年度系统建设评价表－营销－分台区，见图 13－25。

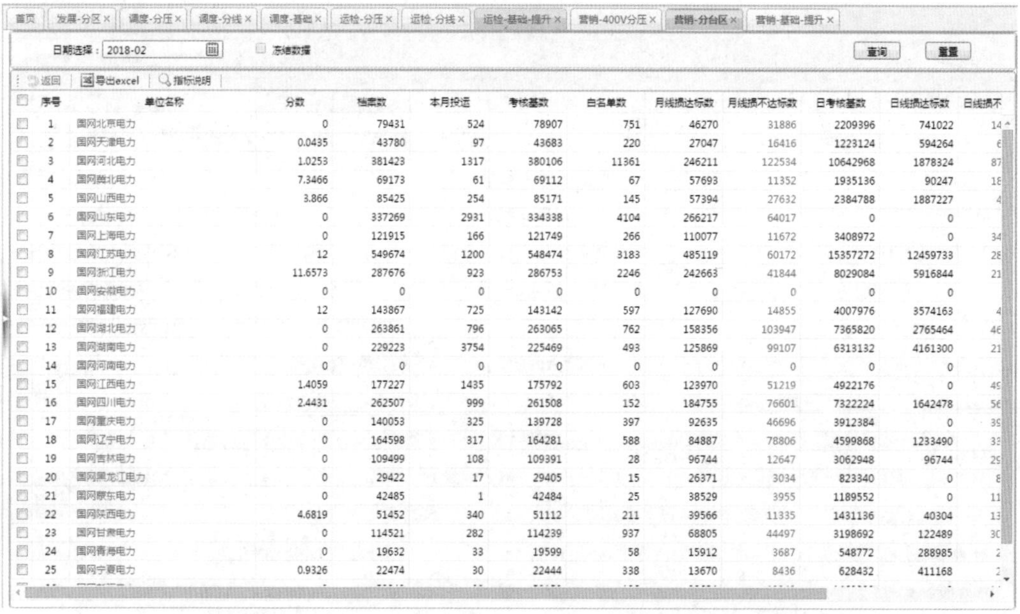

序号	单位名称	分数	档案数	本月投运	考核基数	白名单数	月线损达标数	月线损不达标数	日考核基数	日线损达标数	日线损不
1	国网北京电力	0	79431	524	78907	751	46270	31886	2209396	741022	14
2	国网天津电力	0.0435	43780	97	43683	220	27047	16416	1223124	594264	6
3	国网河北电力	1.0253	381423	1317	380106	11361	246211	122534	10642968	1878324	87
4	国网冀北电力	7.3466	69173	61	69112	67	57693	11352	1935136	90247	18
5	国网山西电力	3.866	85425	254	85171	145	57394	27632	2384788	1887227	4
6	国网山东电力	0	337269	2931	334338	4104	266217	64017	0	0	
7	国网上海电力	0	121915	166	121749	266	110077	11672	3408972	0	34
8	国网江苏电力	12	549674	1200	548474	3183	485119	60172	15357272	12459733	28
9	国网浙江电力	11.6573	287676	923	286753	2246	242663	41844	8029084	5916844	21
10	国网安徽电力	0	0	0	0	0	0	0	0	0	
11	国网福建电力	12	143867	725	143142	597	127690	14855	4007976	3574163	4
12	国网湖北电力	0	263861	796	263065	762	158356	103947	7365820	2765464	46
13	国网湖南电力	0	229223	3754	225469	493	125869	99107	6313132	4161300	21
14	国网河南电力	0	0	0	0	0	0	0	0	0	
15	国网江西电力	1.4059	177227	1435	175792	603	123970	51219	4922176	0	49
16	国网四川电力	2.4431	262507	999	261508	152	184755	76601	7322224	1642478	56
17	国网重庆电力	0	140053	325	139728	397	92635	46696	3912384	0	39
18	国网辽宁电力	0	164598	317	164281	588	84887	78806	4599868	1233490	33
19	国网吉林电力	0	109499	108	109391	28	96744	12647	3062948	96744	29
20	国网黑龙江电力	0	29422	17	29405	15	26371	3034	823340	0	8
21	国网蒙东电力	0	42485	1	42484	25	38529	3955	1189552	0	11
22	国网陕西电力	4.6819	51452	340	51112	211	39566	11335	1431136	40304	13
23	国网甘肃电力	0	114521	282	114239	937	68805	44497	3198692	122489	30
24	国网青海电力	0	19632	33	19599	58	15912	3687	548772	288985	2
25	国网宁夏电力	0.9326	22474	30	22444	338	13670	8436	628432	411168	2

图 13－25　营销－分台区 2018 年度系统建设评价表

13.6.12.1 条件筛选区

【营销－分台区】界面展示当前用户单位台区线损指标情况，档案数、本月投运、考核基数、白名单数、月线损达标数、月线损不达标数和分数等信息。选择日期等条件，点击【查询】按钮即可。点击【冻结数据】按钮可查看已冻结的指标信息。

13.6.12.2 功能操作区

导出：点击【导出】按钮，可以导出界面展示的台区指标信息。

13.6.12.3 明细展示区

1. 单位名称

点击【单位名称】按钮可以查看下级单位的达标情况。

2. 月线损不达标数

点击“月线损不达标数”进入【台区月线损不达标明细】界面，可以查看不达标的线路明细，见图 13－26。点击“台区名称”进入【台区智能看板】界面，可查看台区的详细信息。

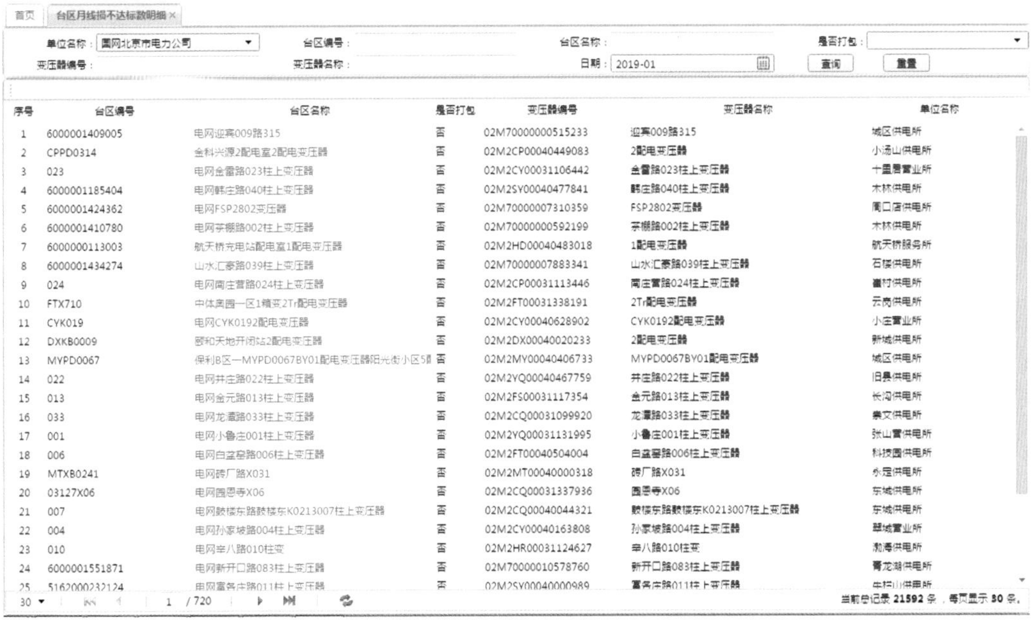
首页 台区月线损不达标数明细

单位名称：国网北京市电力公司 台区编号： 台区名称： 是否打包：
变压器编号： 变压器名称： 日期：2019-01 查询 重置

序号	台区编号	台区名称	是否打包	变压器编号	变压器名称	单位名称
1	6000001409005	电网迎宾009路315	否	02M7000000515233	迎宾009路315	城区供电所
2	CPPD0314	金科兴源2配电室2配电变压器	否	02M2CP00040449083	2配电变压器	小汤山供电所
3	023	电网金雷路023柱上变压器	否	02M2CY00031106442	金雷路023柱上变压器	十里堡营业所
4	6000001185404	电网韩庄路040柱上变压器	否	02M2SY00040477841	韩庄路040柱上变压器	木林供电所
5	6000001424362	电网FSP2802变压器	否	02M7000007310359	FSP2802变压器	周口店供电所
6	6000001410780	电网茶棚路002柱上变压器	否	02M7000000592199	茶棚路002柱上变压器	木林供电所
7	6000000113003	航天桥充电站配电室1配电变压器	否	02M2HD00040483018	1配电变压器	航天桥服务所
8	6000001434274	山水汇豪路039柱上变压器	否	02M7000007883341	山水汇豪路039柱上变压器	石楼供电所
9	024	电网南庄营路024柱上变压器	否	02M2CP00031113446	南庄营路024柱上变压器	崔村供电所
10	FTX710	中体奥园一区1箱变2Tr配电变压器	否	02M2FT00031338191	2Tr配电变压器	云岗供电所
11	CYK019	电网CYK0192配电变压器	否	02M2CY00040628902	CYK0192配电变压器	小庄营业所
12	DXKB0009	颐和天地开闭站2配电变压器	否	02M2DX00040020233	2配电变压器	新城供电所
13	MYPD0067	保利B区—MYPD0067BY01配电变压器阳光街小区5讀	否	02M2MY00040406733	MYPD0067BY01配电变压器	城区供电所
14	022	电网井庄路022柱上变压器	否	02M2YQ00040467759	井庄路022柱上变压器	旧县供电所
15	013	电网金元路013柱上变压器	否	02M2FS00031117354	金元路013柱上变压器	长沟供电所
16	033	电网龙潭路033柱上变压器	否	02M2CQ00031099920	龙潭路033柱上变压器	崇文供电所
17	001	电网小鲁庄001柱上变压器	否	02M2YQ00031131995	小鲁庄001柱上变压器	张山营供电所
18	006	电网白盆窑路006柱上变压器	否	02M2FT00040504004	白盆窑路006柱上变压器	科技园供电所
19	MTXB0241	电网砖厂路X031	否	02M2MT00040000318	砖厂路X031	永定供电所
20	03127X06	电网圆恩寺X06	否	02M2CQ00031337936	圆恩寺X06	东城供电所
21	007	电网鼓楼东路鼓楼东K0213007柱上变压器	否	02M2CQ00040044321	鼓楼东路鼓楼东K0213007柱上变压器	东城供电所
22	004	电网孙家坡路004柱上变压器	否	02M2CY00040163808	孙家坡路004柱上变压器	望城营业所
23	010	电网辛八路010柱变	否	02M2HR00031124627	辛八路010柱变	渤海供电所
24	6000001551871	电网新开口路083柱上变压器	否	02M7000010578760	新开口路083柱上变压器	青龙湖供电所
25	5162000232124	电网富各庄路011柱上变压器	否	02M2SY00040000989	富各庄路011柱上变压器	牛栏山供电所

30 1 / 720 当前总记录 21592 条，每页显示 30 条。

图 13－26 台区月线损不达标明细

3. 日线损不达标数

详细操作方法与月线损不达标数一致。

小贴士

1. 同期线损合格率＝同期线损合格台区对应的配电变压器数＋白名单审核通过的台区数量/配电变压器档案数量 × 当月天数。

2. 日同期线损在 0～12%（含）间为合格；月同期线损在 0～10%（含）为合格。

13.6.13　营销-基础-提升

菜单位置：线损重点工作检查-2018年度系统建设评价表-营销-基础-提升，见图13-27。

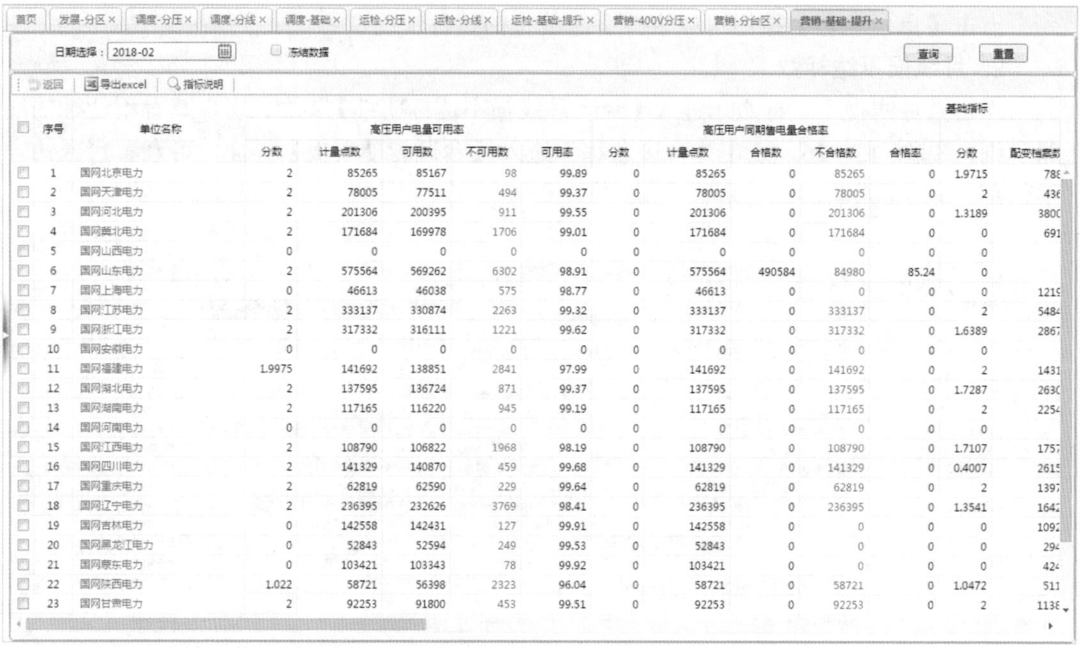

日期选择：2018-02　□冻结数据　　查询　重置

返回　导出excel　指标说明

基础指标

序号	单位名称	高压用户电量可用率					高压用户同期售电量合格率						
		分数	计量点数	可用数	不可用数	可用率	分数	计量点数	合格数	不合格数	合格率	分数	配变档案数
1	国网北京电力	2	85265	85167	98	99.89	0	85265	0	85265	0	1.9715	788
2	国网天津电力	2	78005	77511	494	99.37	0	78005	0	78005	0	2	436
3	国网河北电力	2	201306	200395	911	99.55	0	201306	0	201306	0	1.3189	3800
4	国网冀北电力	2	171684	169978	1706	99.01	0	171684	0	171684	0	0	691
5	国网山西电力	0	0	0	0	0	0	0	0	0	0	0	
6	国网山东电力	2	575564	569262	6302	98.91	0	575564	490584	84980	85.24	0	1219
7	国网上海电力	2	46613	46038	575	98.77	0	46613	0	0	0	0	
8	国网江苏电力	2	333137	330874	2263	99.32	0	333137	0	333137	0	2	5484
9	国网浙江电力	2	317332	316111	1221	99.62	0	317332	0	317332	0	1.6389	2867
10	国网安徽电力												
11	国网福建电力	1.9975	141692	138851	2841	97.99	0	141692	0	141692	0	0	1431
12	国网湖北电力	2	137595	136724	871	99.37	0	137595	0	137595	0	1.7287	2630
13	国网湖南电力	2	117165	116220	945	99.19	0	117165	0	117165	0	0	2254
14	国网河南电力	0											
15	国网江西电力	2	108790	106822	1968	98.19	0	108790	0	108790	0	1.7107	1757
16	国网四川电力	2	141329	140870	459	99.68	0	141329	0	141329	0	0.4007	2615
17	国网重庆电力	2	62819	62590	229	99.64	0	62819	0	62819	0	0	1397
18	国网辽宁电力	2	236395	232626	3769	98.41	0	236395	0	236395	0	1.3541	1642
19	国网吉林电力	0	142558	142431	127	99.91	0	142558	0	0	0	0	1092
20	国网黑龙江电力	0	52843	52594	249	99.53	0	52843	0	0	0	0	294
21	国网蒙东电力	0	103421	103343	78	99.92	0	103421	0	0	0	0	424
22	国网陕西电力	1.022	58721	56398	2323	96.04	0	58721	0	58721	0	1.0472	511
23	国网甘肃电力	2	92253	91800	453	99.51	0	92253	0	92253	0	0	1138

图13-27　营销-基础-提升2018年度系统建设评价表

13.6.13.1　条件筛选区

【营销-基础-提升】界面展示当前用户单位基础指标情况和提升指标情况，高压用户电量可用率、高压用户同期售电量合格率、台区总表表底可用率、办公用电可用率、高损台区治理情况和台区线损优化率提升等信息。选择日期等条件，点击【查询】按钮即可。点击【冻结数据】按钮可查看已冻结的指标信息。

13.6.13.2　功能操作区

导出：点击【导出】按钮，可以导出界面展示的指标信息。

13.6.13.3　明细展示区

1. 单位名称

点击【单位名称】按钮可以查看下级单位的达标情况。

2. 高压用户电量不可用数

点击"不可用数"进入【高压用户电量不可用数】界面，可以查看具体明细，见图13-28。

图 13-28　高压用户电量不可用数

3. 台区电量接入不成功数

详细操作方法与"高压用户电量不可用数"一致。

4. 高压用户售电量不合格数

详细操作方法与"高压用户电量不可用数"一致。

5. 办公用电可用率

详细操作方法与"高压用户电量不可用数"一致。

高压用户电量可用：

1. 用户在运的一级计量点的同期售电量大于等于 0，且表底应该大于上一个发行表底且小于下一个发行表底。

2. 采用营销数据平台推送的电量数据。

3. 运行状态为暂停、停运且同期售电量和发行电量同时为 0 的高压用户的一级计量点认为可用。

4. 剔除已销户的高压用户。

5. 考核范围为：10kV 及以上高压用户。

13.6.14　配网理论线损指标体系

菜单位置：线损重点工作检查–2017 年度系统建设评价表–配网理论线损指标体系，

见图 13－29。

图 13－29　配网理论线损指标体系

13.6.14.1　条件筛选区

选择管理单位、日期等条件，点击【查询】按钮即可。

13.6.14.2　功能操作区

导出：点击【导出】按钮，可以导出界面展示的指标信息。

13.6.14.3　明细展示区

接入个数：点击【接入个数】按钮进入【线路档案模型对比】界面，可以查看已接入档案明细数据，见图 13－30。

图 13－30　线路档案模型对比

点击"档案参数""拓扑""运行数据",可以查看对应的数据完整性详情。如点击"档案参数"进入【档案参数完整性】界面,可以查看档案完整性数据,见图 13-31。

图 13-31　档案参数完整性详情

点击"电缆段""专变"等可以查看该线路下对应设备的详细信息。

13.7　监 控 型 指 标

13.7.1　功能介绍

该模块实现对分区、分压关口,输电线路,配电线路,台区以及母线的档案异常、模型配置异常和电量异常等指标的汇总与展示功能,同时可以查看异常明细。

13.7.2　监控指标-分区

菜单位置:线损重点工作检查-监控型指标-监控指标-分区,见图 13-32。

13.7.2.1　条件筛选区
选择管理单位、日期等条件,点击【查询】按钮即可查看异常信息。

13.7.2.2　功能操作区
导出:点击【导出】按钮,可以导出界面展示的分区监控指标信息。

13.7.2.3　明细展示区
1. 电量异常关口数
点击"电量异常关口数"进入【监控指标-分区关口明细】界面,可以查看具体异常的明细信息，见图 13 – 33。

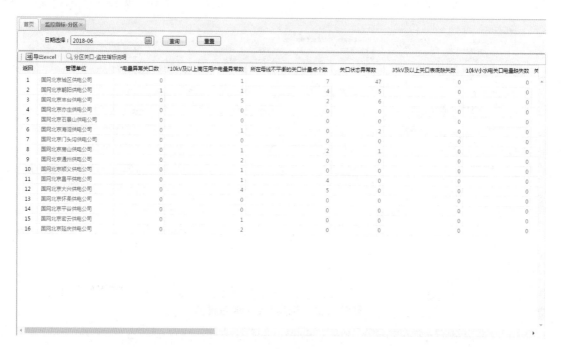

图 13 – 32　监控指标 – 分区

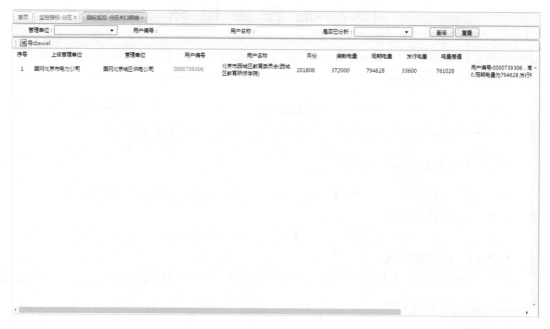

图 13 – 33　监控指标 – 分区关口明细

选择一条异常数据，点击【分析】按钮，进入【标签分析】界面，可以对该异常进行分析操作。填写相关的信息，点击【保存】按钮即可。点击【分析内容置空】按钮可对已经分析的相关信息进行删除，见图 13－34。

图 13－34　分区关口标签分析

2. 关口状态异常数

详细操作方法与"电量异常关口数"一致。

3. 10kV 及以上高压用户电量异常数

详细操作方法与"电量异常关口数"一致。

4. 电量异常关口数

详细操作方法与"电量异常关口数"一致。

5. 所在母线不平衡的关口计量点个数

详细操作方法与"电量异常关口数"一致。

6. 35kV 及以上关口当月表底缺失个数

详细操作方法与"电量异常关口数"一致。

7. 10kV 小水电关口电量缺失个数

详细操作方法与"电量异常关口数"一致。

8. 关口电量异常波动个数

详细操作方法与"电量异常关口数"一致。

9. 小水电关口计量点虚拟建档数

详细操作方法与"电量异常关口数"一致。

10. 关口计量点连续三月采集失败数

详细操作方法与"电量异常关口数"一致。

11. 营销同期售电量与表底计算电量对比异常个数

详细操作方法与"电量异常关口数"一致。

12. 分区关口表计故障个数

详细操作方法与"电量异常关口数"一致。

13.7.3 监控指标–分压

菜单位置：线损重点工作检查–监控型指标–监控指标–分压，见图 13–35。

	管理单位	电量异常关口数	主变中低压开关缺失的变电数	非中低压开关数	主变中低压开关未设置分压关口数	变电站图形不完整数	分压关口配置异常	区域关口未设置光
1	国网北京市电力公司	2	91	24	454	57	94	
2	国网天津市电力公司	0	0	4	507	2	236	
3	国网河北省电力公司	20	332	1030	1748	42	338	
4	国网冀北电力有限公司	15	6	5	1093	36	584	
5	国网山西省电力公司	166	31	68	1268	16	946	
6	国网山东省电力公司	6303	56	40	3476	199	8	1
7	国网上海市电力公司	1	35	8	941	72	256	
8	国网江苏省电力公司	37	27	2	3058	90	2186	
9	国网浙江省电力公司	5	30	20	2300	100	2694	
10	国网安徽省电力公司	60	162	719	1776	128	1535	
11	国网福建省电力公司	186	45	86	1389	132	4319	
12	国网湖北省电力公司	113	114	208	1882	91	984	
13	国网湖南省电力公司	0	19	95	1672	51	2815	
14	国网河南省电力公司	961	27	162	2849	162	943	
15	国网江西省电力有限公司	22	306	1987	1246	132	2771	1
16	国网四川省电力公司	33	62	365	2118	236	0	
17	国网重庆市电力公司	41	5	2	821	20	1010	
18	国网辽宁省电力公司	25	8	0	1744	1282	822	1
19	国网吉林省电力有限公司	58	204	547	753	243	351	
20	黑龙江省电力有限公司	0	119	131	488	155	249	
21	国网内蒙古东部电力有限	68	108	170	709	143	145	
22	国网陕西省电力公司	17	3	8	720	13	199	2
23	国网青海省电力公司	205	21	34	314	20	349	
24	国网宁夏省电力有限公司	2	0	84	374	2	476	1
25	国网新疆电力公司	177	22	57	1328	92	824	1

图 13–35 监控指标–分压

13.7.3.1 条件筛选区

选择管理单位、日期等条件，点击【查询】按钮即可查看异常信息。

13.7.3.2 功能操作区

导出：点击【导出】按钮，可以导出界面展示的分压监控指标信息。

13.7.3.3 明细操作区

1. 电量异常关口数

点击"电量异常关口数"进入【监控指标–分压关口明细】界面，可以查看具体的异常明细信息，见图 13–36。

图 13-36　监控指标-分压关口明细

选择一条异常数据，点击【分析】按钮，进入【标签分析】界面，可以对该异常进行分析操作，见图 13-37。

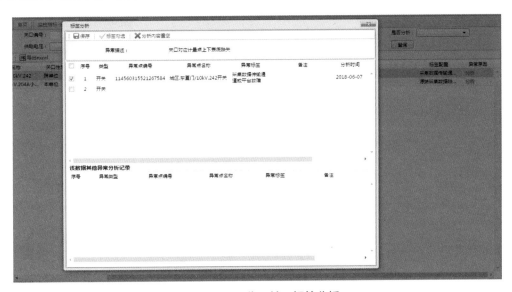

图 13-37　分压关口标签分析

填写相关信息，点击【保存】按钮即可。点击【分析内容置空】按钮可对已经分析的相关信息进行删除。

2. 主变压器中低压开关缺失的变电站数

详细操作方法与"电量异常关口数"一致。

3. 非中低压开关数

详细操作方法与“电量异常关口数”一致。

4. 主变压器中低压开关未设置分压关口数

详细操作方法与“电量异常关口数”一致。

5. 变电站图形不完整数

详细操作方法与“电量异常关口数”一致。

6. 分压关口配置异常数

详细操作方法与“电量异常关口数”一致。

7. 区域关口未设置分压关口数

详细操作方法与“电量异常关口数”一致。

8. 关口电量波动异常数

详细操作方法与“电量异常关口数”一致。

9. 虚拟开关数

详细操作方法与“电量异常关口数”一致。

10. 关口计量点连续采集失败数（三个月）

详细操作方法与“电量异常关口数”一致。

11. 计量点故障个数

详细操作方法与“电量异常关口数”一致。

13.7.4 监控指标－输电线路

菜单位置：线损重点工作检查－监控型指标－监控指标－输电线路，见图 13－38。

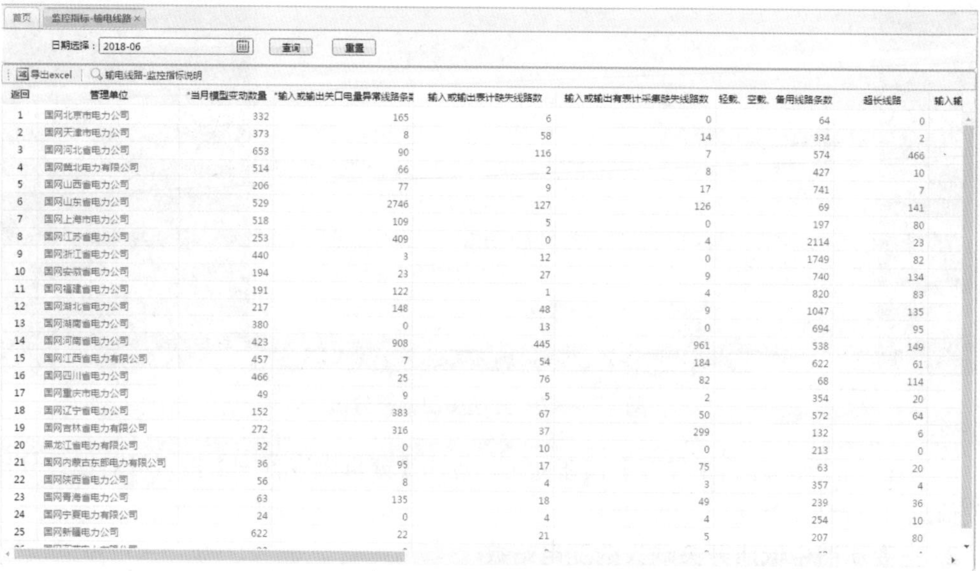

返回	管理单位	*当月模型变动数量	*输入或输出关口电量异常线路条数	输入或输出表计缺失线路数	输入或输出有表计采集缺失线路数	轻载、空载、备用线路条数	超长线路	输入输
1	国网北京市电力公司	332	165	6	0	64	0	
2	国网天津市电力公司	373	8	58	14	334	2	
3	国网河北省电力公司	653	90	116	7	574	466	
4	国网冀北电力有限公司	514	66	2	8	427	10	
5	国网山西省电力公司	206	77	9	17	741	7	
6	国网山东省电力公司	529	2746	127	126	69	141	
7	国网上海市电力公司	518	109	5	0	197	80	
8	国网江苏省电力公司	253	409	0	4	2114	23	
9	国网浙江省电力公司	440	3	12	0	1749	82	
10	国网安徽省电力公司	194	23	27	9	740	134	
11	国网福建省电力公司	191	122	1	4	820	83	
12	国网湖北省电力公司	217	148	48	9	1047	135	
13	国网湖南省电力公司	380	0	13	0	694	95	
14	国网河南省电力公司	423	908	445	961	538	149	
15	国网江西省电力有限公司	457	7	54	184	622	61	
16	国网四川省电力公司	466	25	76	82	68	114	
17	国网重庆市电力公司	49	9	5	2	354	20	
18	国网辽宁省电力公司	152	383	67	50	572	64	
19	国网吉林省电力有限公司	272	316	37	299	132	6	
20	黑龙江省电力有限公司	32	0	10	0	213	0	
21	国网内蒙古东部电力有限公司	36	95	17	75	63	20	
22	国网陕西省电力公司	56	8	4	3	357	4	
23	国网青海省电力公司	63	135	18	49	239	36	
24	国网宁夏电力有限公司	24	0	4	4	254	10	
25	国网新疆电力公司	622	22	21	5	207	80	

图 13－38 监控指标－输电线路

13.7.4.1　条件筛选区

选择管理单位、日期等条件，点击【查询】按钮即可查看异常信息。

13.7.4.2　功能操作区

导出：点击【导出】按钮，可以导出界面展示的输电线路监控指标信息。

13.7.4.3　明细操作区

1. 当月模型变动数量

点击“当月模型变动数量”进入【监控指标－输电线路明细】界面，可以查看具体的异常明细信息，见图 13－39。

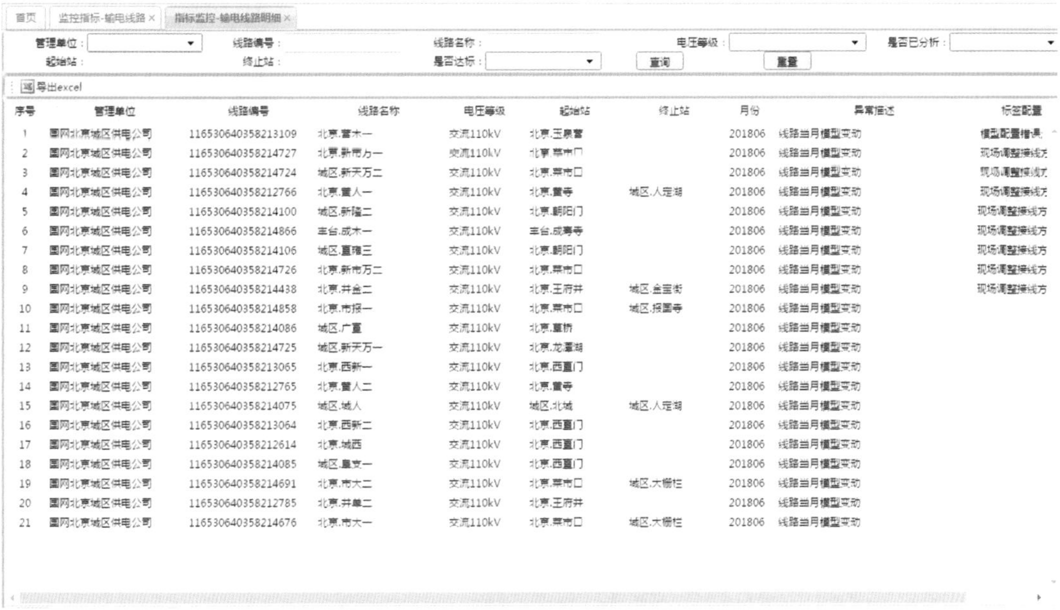

序号	管理单位	线路编号	线路名称	电压等级	起始站	终止站	月份	异常描述	标签配置
1	国网北京城区供电公司	116530640358213109	北京.营木一	交流110kV	北京.玉泉营		201806	线路当月模型变动	模型配置错误,
2	国网北京城区供电公司	116530640358214727	北京.新市方一	交流110kV	北京.菜市口		201806	线路当月模型变动	现场调整接线方
3	国网北京城区供电公司	116530640358214724	城区.新天万二	交流110kV	北京.菜市口		201806	线路当月模型变动	现场调整接线方
4	国网北京城区供电公司	116530640358212766	北京.营人一	交流110kV	北京.营寺	城区.人定湖	201806	线路当月模型变动	现场调整接线方
5	国网北京城区供电公司	116530640358214100	城区.新隆二	交流110kV	北京.朝阳门		201806	线路当月模型变动	现场调整接线方
6	国网北京城区供电公司	116530640358214866	丰台.成木一	交流110kV	丰台.成寿寺		201806	线路当月模型变动	现场调整接线方
7	国网北京城区供电公司	116530640358214106	城区.直雍三	交流110kV	北京.朝阳门		201806	线路当月模型变动	现场调整接线方
8	国网北京城区供电公司	116530640358214726	北京.新市万二	交流110kV	北京.菜市口		201806	线路当月模型变动	现场调整接线方
9	国网北京城区供电公司	116530640358214438	北京.井金二	交流110kV	北京.王府井	城区.金宝街	201806	线路当月模型变动	现场调整接线方
10	国网北京城区供电公司	116530640358214858	北京.市报一	交流110kV	北京.菜市口	城区.报国寺	201806	线路当月模型变动	
11	国网北京城区供电公司	116530640358214086	城区.广营	交流110kV	北京.草桥		201806	线路当月模型变动	
12	国网北京城区供电公司	116530640358214725	城区.新天万一	交流110kV	北京.龙潭湖		201806	线路当月模型变动	
13	国网北京城区供电公司	116530640358213065	北京.西新一	交流110kV	北京.西直门		201806	线路当月模型变动	
14	国网北京城区供电公司	116530640358212765	北京.营人二	交流110kV	北京.营寺		201806	线路当月模型变动	
15	国网北京城区供电公司	116530640358214075	城区.城人	交流110kV	城区.北城	城区.人定湖	201806	线路当月模型变动	
16	国网北京城区供电公司	116530640358213064	北京.西新二	交流110kV	北京.西直门		201806	线路当月模型变动	
17	国网北京城区供电公司	116530640358212614	北京.城西	交流110kV	北京.西直门		201806	线路当月模型变动	
18	国网北京城区供电公司	116530640358214085	城区.皇支一	交流110kV	北京.西直门		201806	线路当月模型变动	
19	国网北京城区供电公司	116530640358214691	北京.市大二	交流110kV	北京.菜市口	城区.大栅栏	201806	线路当月模型变动	
20	国网北京城区供电公司	116530640358212785	北京.井单二	交流110kV	北京.王府井		201806	线路当月模型变动	
21	国网北京城区供电公司	116530640358214676	北京.市大一	交流110kV	北京.菜市口	城区.大栅栏	201806	线路当月模型变动	

图 13－39　监控指标－输电线路明细

选择一条异常数据，点击【分析】按钮，进入【标签分析】界面，可以对该异常进行分析操作，见图 13－40。

填写相关的信息，点击【保存】按钮即可。点击【分析内容置空】按钮可对已经分析的相关信息进行删除。

2. 输入或输出关口电量异常线路条数

详细操作方法与“当月模型变动数量”一致。

3. 输入或输出有表计缺失线路数

详细操作方法与“当月模型变动数量”一致。

4. 输入或输出有表计采集缺失线路数

详细操作方法与“当月模型变动数量”一致。

5. 轻载、空载、备用线路条数

详细操作方法与"当月模型变动数量"一致。

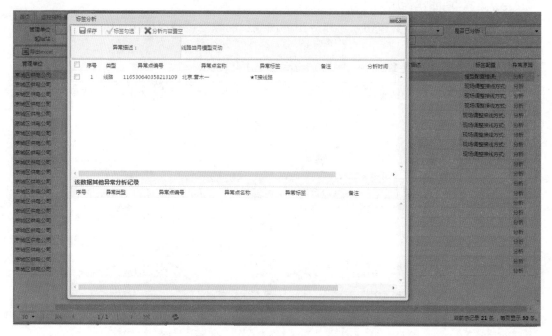

图13-40　输电线路标签分析

6. 超长线路数

详细操作方法与"当月模型变动数量"一致。

7. 输入输出模型一致线路条数

详细操作方法与"当月模型变动数量"一致。

8. 输入输出模型为单一计量点线路数

详细操作方法与"当月模型变动数量"一致。

9. 输入输出开关为同一变电站线路条数

详细操作方法与"当月模型变动数量"一致。

10. 关口当月表底缺失的计量点个数

详细操作方法与"当月模型变动数量"一致。

11. 计量点故障个数

详细操作方法与"当月模型变动数量"一致。

12. 智能变电站输电线路条数

详细操作方法与"当月模型变动数量"一致。

13. 模型只配置了输入或输出数

详细操作方法与"当月模型变动数量"一致。

14. 特殊/异常/单元接线

详细操作方法与“当月模型变动数量”一致。

15. 公司资产用户专线

详细操作方法与“当月模型变动数量”一致。

13.7.5 监控指标－配电线路

菜单位置：线损重点工作检查－监控型指标－监控指标－配电线路，见图13－41。

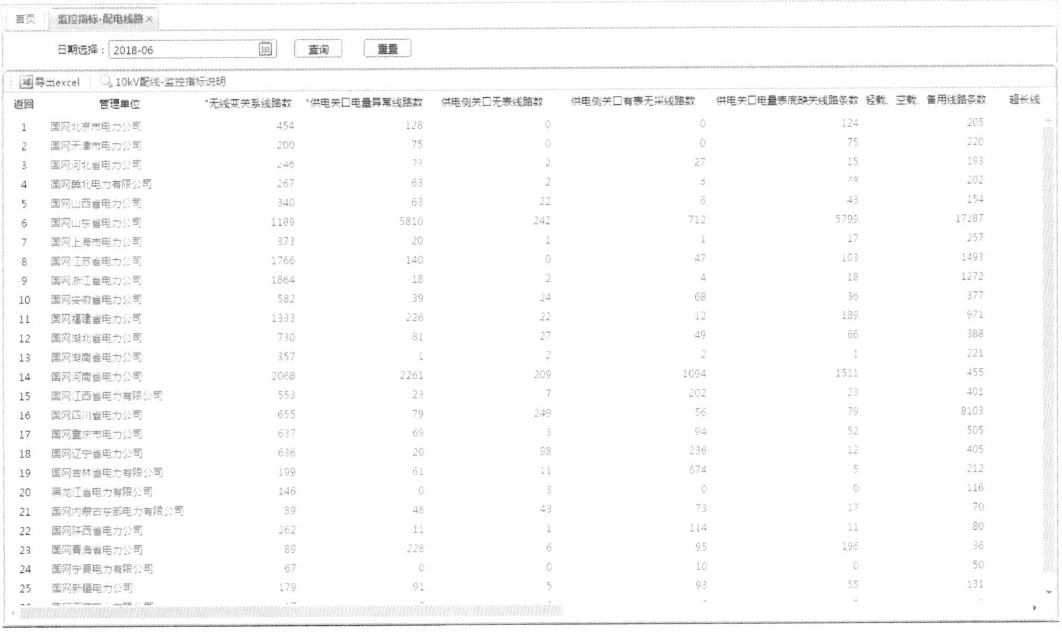

首页 监控指标-配电线路

日期选择：2018-06 查询 重置

导出excel 10kV配线-监控指标说明

返回	管理单位	*无线变关系线路数	*供电关口电量异常线路数	供电侧关口无表线路数	供电侧关口有表无采线路数	供电关口电量表底缺失线路条数	轻载、空载、备用线路条数	超长线
1	国网北京市电力公司	454	128	0	0	124	205	
2	国网天津市电力公司	200	75	0	0	75	220	
3	国网河北省电力公司	246	73	2	27	15	193	
4	国网冀北电力有限公司	267	63	2	3	48	202	
5	国网山西省电力公司	340	63	22	6	43	154	
6	国网山东省电力公司	1189	5810	242	712	5799	17287	
7	国网上海市电力公司	373	20	1	1	17	257	
8	国网江苏省电力公司	1766	140	0	47	103	1493	
9	国网浙江省电力公司	1864	18	2	4	18	1272	
10	国网安徽省电力公司	582	39	24	68	36	377	
11	国网福建省电力公司	1333	226	22	12	189	971	
12	国网湖北省电力公司	730	81	27	49	66	388	
13	国网湖南省电力公司	357	1	2	2	1	221	
14	国网河南省电力公司	2068	2261	209	1094	1511	455	
15	国网江西省电力有限公司	553	23	7	202	23	401	
16	国网四川省电力公司	655	79	249	56	79	8103	
17	国网重庆市电力公司	637	69	3	94	52	505	
18	国网辽宁省电力公司	636	20	98	236	12	405	
19	国网吉林省电力有限公司	199	61	11	674	5	212	
20	黑龙江省电力有限公司	146	0	3	0	0	116	
21	国网内蒙古东部电力有限公司	89	48	43	73	17	70	
22	国网陕西省电力公司	262	11	1	114	11	80	
23	国网青海省电力公司	89	228	6	95	196	36	
24	国网宁夏电力有限公司	67	0	0	10	0	50	
25	国网新疆电力公司	179	91	5	93	55	131	

图13－41 监控指标－配电线路

13.7.5.1 条件筛选区

选择管理单位、日期等条件，点击【查询】按钮即可查看异常信息。

13.7.5.2 功能操作区

导出：点击【导出】按钮，可以导出界面展示的输电线路监控指标信息。

13.7.5.3 明细操作区

1. 无线变关系线路数

点击“无线变关系线路数”进入【监控指标－配电线路明细】界面，可以查看具体的异常明细信息，见图13－42。

选择一条异常数据，点击【分析】按钮，进入【标签分析】界面，可以对该异常进行分析操作，见图13－43。

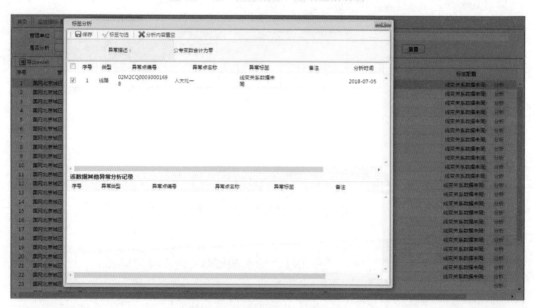

图 13-42　监控指标-配电线路明细

图 13-43　配电线路标签分析

　　填写相关的信息，点击【保存】按钮即可。点击【分析内容置空】按钮可对已经分析的相关信息进行删除。

2. 供电关口电量异常数

　　详细操作方法与"无线变关系线路数"一致。

3. 供电侧关口线路无表底数

　　详细操作方法与"无线变关系线路数"一致。

4. 供电侧关口有表无采线路数

详细操作方法与"无线变关系线路数"一致。

5. 供电关口电量表底缺失线路条数

详细操作方法与"无线变关系线路数"一致。

6. 轻载、空载、备用线路条数

详细操作方法与"无线变关系线路数"一致。

7. 超长线路条数

详细操作方法与"无线变关系线路数"一致。

8. 计量点故障个数

详细操作方法与"无线变关系线路数"一致。

9. 智能变电站10kV（20/6）配电线路条数

详细操作方法与"无线变关系线路数"一致。

10. 高压用户表底完整数

详细操作方法与"无线变关系线路数"一致。

11. 公司资产用户专线

详细操作方法与"无线变关系线路数"一致。

13.7.6 监控指标–台区

菜单位置：线损重点工作检查–监控型指标–监控指标–台区，见图13–44。

图13–44 监控指标–台区

13.7.6.1 条件筛选区

选择管理单位、日期等条件，点击【查询】按钮即可查看异常信息。

13.7.6.2 功能操作区

导出：点击【导出】按钮，可以导出界面展示的台区监控指标信息。

13.7.6.3 明细操作区

1. 无线变关系台区数

点击"无线变关系台区数"进入【监控指标－台区明细】界面，可以查看具体的异常明细信息，见图 13－45。

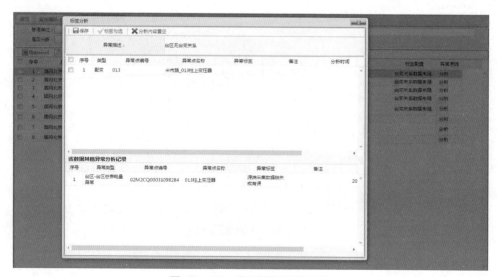

图 13－45 监控指标－台区明细

选择一条异常数据，点击【分析】按钮，进入【标签分析】界面，可以对该异常进行分析操作，见图 13－46。

图 13－46 台区档案标签分析

填写相关的信息，点击【保存】按钮即可。点击【分析内容置空】按钮可对已经分析的相关信息进行删除。

2. 台区总表电量异常台区数

详细操作方法与"无线变关系台区数"一致。

3. 总表电量占比满载月电量大于等于 2 台区个数

详细操作方法与"无线变关系台区数"一致。

4. 无台区总表台区个数

详细操作方法与"无线变关系台区数"一致。

5. 台区下用户个数超过 2000 台区个数

详细操作方法与"无线变关系台区数"一致。

6. 轻载、空载、备用台区个数

详细操作方法与"无线变关系台区数"一致。

7. 农排灌台区个数

详细操作方法与"无线变关系台区数"一致。

8. 台区总表故障个数

详细操作方法与"无线变关系台区数"一致。

9. 多总表台区个数

详细操作方法与"无线变关系台区数"一致。

10. 台区总表倍率异常个数

详细操作方法与"无线变关系台区数"一致。

13.7.7　监控指标 – 母线

菜单位置：线损重点工作检查 – 监控型指标 – 监控指标 – 母线，见图 13 – 47。

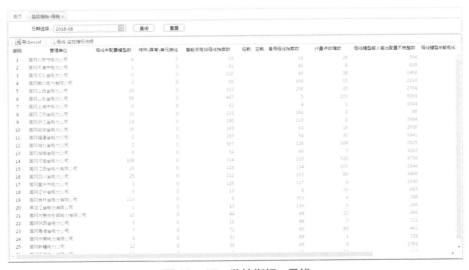

图 13 – 47　监控指标 – 母线

13.7.7.1 条件筛选区

选择管理单位、日期等条件，点击【查询】按钮即可查看异常信息。

13.7.7.2 功能操作区

导出：点击【导出】按钮，可以导出界面展示的母线监控指标信息。

13.7.7.3 明细操作区

1. 母线未配置模型数

点击"母线未配置模型数"进入【监控指标-母平明细】界面，可以查看具体的异常明细信息，见图 13-48。

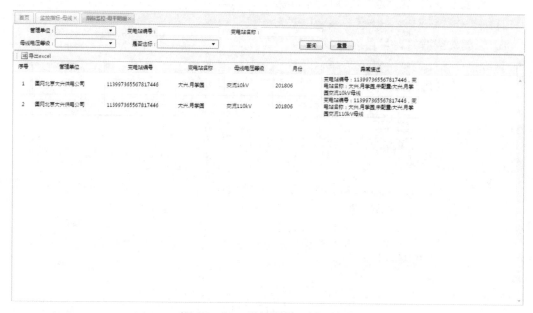

图 13-48　监控指标-母平明细

2. 特殊/异常/单元接线

详细操作方法与"母线未配置模型数"一致。

3. 智能变电站母线档案数

详细操作方法与"母线未配置模型数"一致。

4. 轻载、空载、备用母线档案数

详细操作方法与"母线未配置模型数"一致。

5. 计量点故障数

详细操作方法与"母线未配置模型数"一致。

6. 母线模型输入输出配置不完整数

详细操作方法与"母线未配置模型数"一致。

7. 母线模型与输电线路模型不一致数

详细操作方法与"母线未配置模型数"一致。

13.7.8　监控指标分析报告

菜单位置：线损重点工作检查－监控型指标－监控指标分析报告，见图 13－49。

图 13－49　监控指标分析报告

13.7.8.1　条件筛选区

实现对监控指标（省级下级单位）具体指标图形化排名展示功能。监控指标分析报告汇总了"四分线损"以及"母线平衡"中监控指标的详细信息。

13.7.8.2　功能操作区

导出：点击【导出】按钮，可导出界面展示的监控指标分析报告信息。

13.7.9　监控指标－综合

菜单位置：线损重点工作检查－监控型指标－监控指标－综合，见图 13－50。

13.7.9.1　条件筛选区

实现对单位同期售电量、办公用电、站用电的电量、个数等统计以及与同期售电量占比率等统计功能。选择管理单位、日期等条件点击【查询】按钮即可。

13.7.9.2　功能操作区

导出：点击【导出】按钮，可导出界面展示的监控指标的详细信息。

13.7.9.3　明细展示区

1. 管理单位

点击"管理单位"可查看下级单位的指标信息。

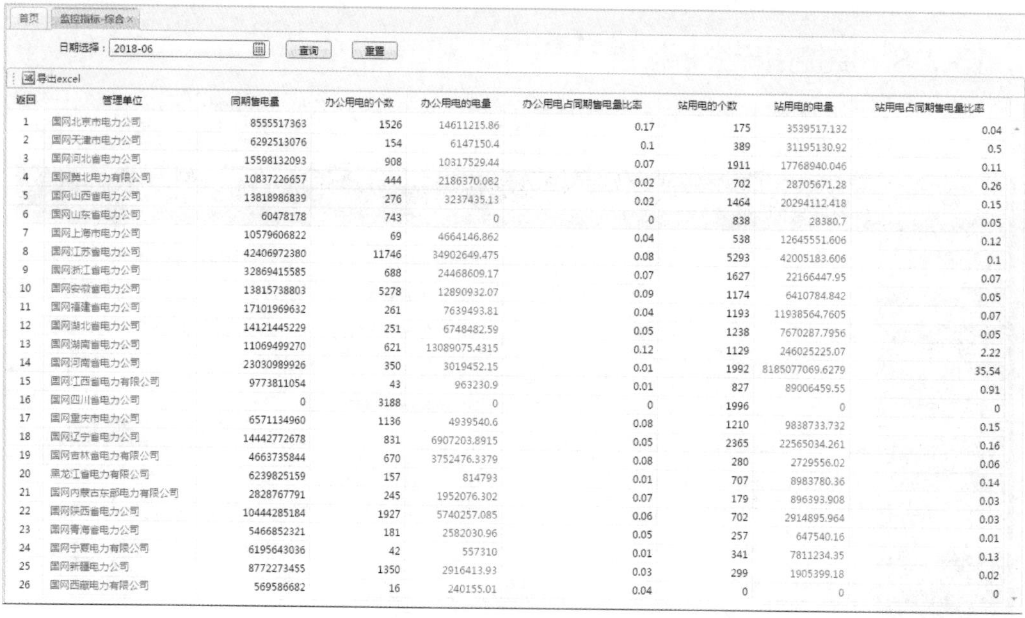

返回	管理单位	同期售电量	办公用电的个数	办公用电的电量	办公用电占同期售电量比率	站用电的个数	站用电的电量	站用电占同期售电量比率
1	国网北京市电力公司	8555517363	1526	14611215.86	0.17	175	3539517.132	0.04
2	国网天津市电力公司	6292513076	154	6147150.4	0.1	389	31195130.92	0.5
3	国网河北省电力公司	15598132093	908	10317529.44	0.07	1911	17768940.046	0.11
4	国网冀北电力有限公司	10837226657	444	2186370.082	0.02	702	28705671.28	0.26
5	国网山西省电力公司	13818986839	276	3237435.13	0.02	1464	20294112.418	0.15
6	国网山东省电力公司	60478178	743	0	0	838	28380.7	0.05
7	国网上海市电力公司	10579606822	69	4664146.862	0.04	538	12645551.606	0.12
8	国网江苏省电力公司	42406972380	11746	34902649.475	0.08	5293	42005183.606	0.1
9	国网浙江省电力公司	32869415585	688	24468609.17	0.07	1627	22166447.95	0.07
10	国网安徽省电力公司	13815738803	5278	12890932.07	0.09	1174	6410784.842	0.05
11	国网福建省电力公司	17101969632	261	7639493.81	0.04	1193	11938564.7605	0.07
12	国网湖北省电力公司	14121445229	251	6748482.59	0.05	1238	7670287.7956	0.05
13	国网湖南省电力公司	11069499270	621	13089075.4315	0.12	1129	246025225.07	2.22
14	国网河南省电力公司	23030989926	350	3019452.15	0.01	1992	8185077069.6279	35.54
15	国网江西省电力有限公司	9773811054	43	963230.9	0.01	827	89006459.55	0.91
16	国网四川省电力公司	0	3188	0	0	1996	0	0
17	国网重庆市电力公司	6571134960	1136	4939540.6	0.08	1210	9838733.732	0.15
18	国网辽宁省电力公司	14442772678	831	6907203.8915	0.05	2365	22565034.261	0.16
19	国网吉林省电力有限公司	4663735844	670	3752476.3379	0.08	280	2729556.02	0.06
20	黑龙江省电力有限公司	6239825159	157	814793	0.01	707	8983780.36	0.14
21	国网内蒙古东部电力有限公司	2828767791	245	1952076.302	0.07	179	896393.908	0.03
22	国网陕西省电力公司	10444285184	1927	5740257.085	0.06	702	2914895.964	0.03
23	国网青海省电力公司	5466852321	181	2582030.96	0.05	257	647540.16	0.01
24	国网宁夏电力有限公司	6195643036	42	557310	0.01	341	7811234.35	0.13
25	国网新疆电力公司	8772273455	1350	2916413.93	0.03	299	1905399.18	0.02
26	国网西藏电力有限公司	569586682	16	240155.01	0.04	0	0	0

图 13－50　监控指标－综合

2. 站用电的电量

点击“站用电的电量”进入【站用电详情查询】界面，可以查看具体明细，见图 13－51。

序号	变电站名称	变电站编号	电压等级	月份	开关编号	开关名称	开关电压	计量点编号	计量点名称	正向
1	城区.礼士路	11399736556...	交流10kV	201804	16456031552...	城区.礼士路/110kV.217...	交流10kV	CQ14892	【礼士路】217	
2	城区.天坛	11399736556...	交流10kV	201804	11456031552...	城区.天坛/10kV.241开关	交流10kV	CQ12000	【天坛】241	
3	城区.白云桥	11399736556...	交流10kV	201804	11456031552...	城区.白云桥/10kV.257...	交流10kV	CQ2121	【白云桥】257	
4	城区.白塔寺	11399736556...	交流10kV	201804	11456031552...	城区.白塔寺/10kV.282...	交流10kV	CQ11319	【白塔寺】282	
5	城区.新街口	11399736556...	交流10kV	201804	11456031552...	城区.新街口/10kV.212...	交流10kV	CQ12292	【新街口】212	
6	城区.西单	11399736556...	交流10kV	201804	11456031552...	城区.西单/10kV.226开关	交流10kV	CQ3892	【西单】226	
7	城区.金宝街	11399736556...	交流10kV	201804	11456031552...	城区.金宝街/10kV.211...	交流10kV	CQ13502	【金宝街】211	
8	城区.人定湖	11399736556...	交流10kV	201804	11456031552...	城区.人定湖/10kV.216...	交流10kV	CQ11956	【人定湖】216	
9	城区.宣武门	11399736556...	交流10kV	201804	11456031552...	城区.宣武门/10kV.248...	交流10kV	CQ8355	【宣武门】248	
10	城区.报国寺	11399736556...	交流10kV	201804	11456031552...	城区.报国寺/10kV.252...	交流10kV	CQ13757	【报国寺】252	
11	城区.北新桥	11399736556...	交流10kV	201804	11456031552...	城区.北新桥/10kV.217...	交流10kV	CQ13196	【北新桥】217	
12	城区.什刹海	11399736556...	交流10kV	201804	11456031552...	城区.什刹海/10kV.215...	交流10kV	CQ12977	【什刹海】215	
13	城区.月坛	11399736556...	交流10kV	201804	11456031552...	城区.月坛/10kV.224开关	交流10kV	CQ9053	【月坛】224	
14	城区.广安门	11399736556...	交流10kV	201804	11456031552...	城区.广安门/10kV.241...	交流10kV	CQ7119	【广安门】241	
15	城区.木樨园	11399736556...	交流10kV	201804	11456031552...	城区.木樨园/10kV.213...	交流10kV	CQ13692	【木樨园】213	
16	城区.雍和宫	11399736556...	交流10kV	201804	11456031552...	城区.雍和宫/10kV.247...	交流10kV	CQ7153	【雍和宫】247	
17	城区.香河园	11399736556...	交流10kV	201804	11456031552...	城区.香河园/10kV.216...	交流10kV	CQ11869	【香河园】216	
18	城区.东城	11399736556...	交流10kV	201804	11456031552...	城区.东城/10kV.217开关	交流10kV	CQ12395	【东城】217	
19	城区.复兴门	11399736556...	交流10kV	201804	11456031552...	城区.复兴门/10kV.216...	交流10kV	CQ7226	【复兴门】216	
20	城区.隆福寺	11399736556...	交流10kV	201804	11456031552...	城区.隆福寺/10kV.218...	交流10kV	CQ3806	【隆福寺】218	
21	城区.前门	11399736556...	交流10kV	201804	11456031552...	城区.前门/10kV.212开关	交流10kV	CQ2851	【前门】212	
22	城区.阜成门	11399736556...	交流10kV	201804	11456031552...	城区.阜成门/10kV.217...	交流10kV	CQ7061	【阜成门】217	
23	城区.牛街	11399736556...	交流10kV	201804	11456031552...	城区.牛街/10kV.215开关	交流10kV	CQ11156	【牛街】215	

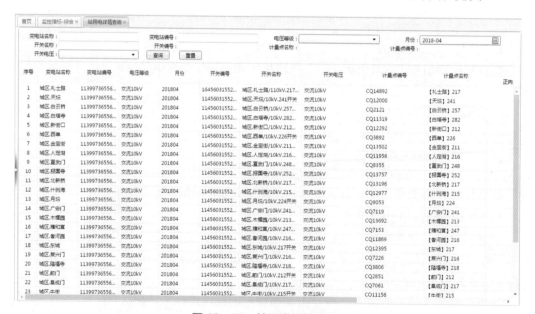

图 13－51　站用电详情查询

3. 办公用电的电量

点击“办公用电的电量”进入【高压用户同期电量查询】界面，可以查看具体明细，可对办公用电进行导出、计算配置、标签设置等操作，点击"用户名称"可查看用户电能表信息，见图 13-52。

图 13-52　高压用户同期电量查询

13.7.10　标签设置全量统计

菜单位置：线损重点工作检查-监控型指标-标签设置全量统计，见图 13-53。

图 13-53　标签设置全量统计

13.7.10.1　条件筛选区

实现对变电站、输电线路、配电线路、高压用户、开关、母线等打标签的电力设备进行分设备类型、分标签类型统计以及展示的功能。该功能展示当前登录用户所属单位以及下级单位设备的统计。

选择日期，点击【查询】按钮即可查看所属单位的设备打标签情况。默认显示最近一次汇总统计的月份。

13.7.10.2　功能操作区

导出：点击【导出】按钮，可导出界面展示的标签设置详细信息。

13.7.10.3　明细展示区

1. 管理单位

点击"下级单位"进入【省级标签汇总表】界面，可以查看下级单位的设备打标签信息，见图13-54（以某省公司为例）。

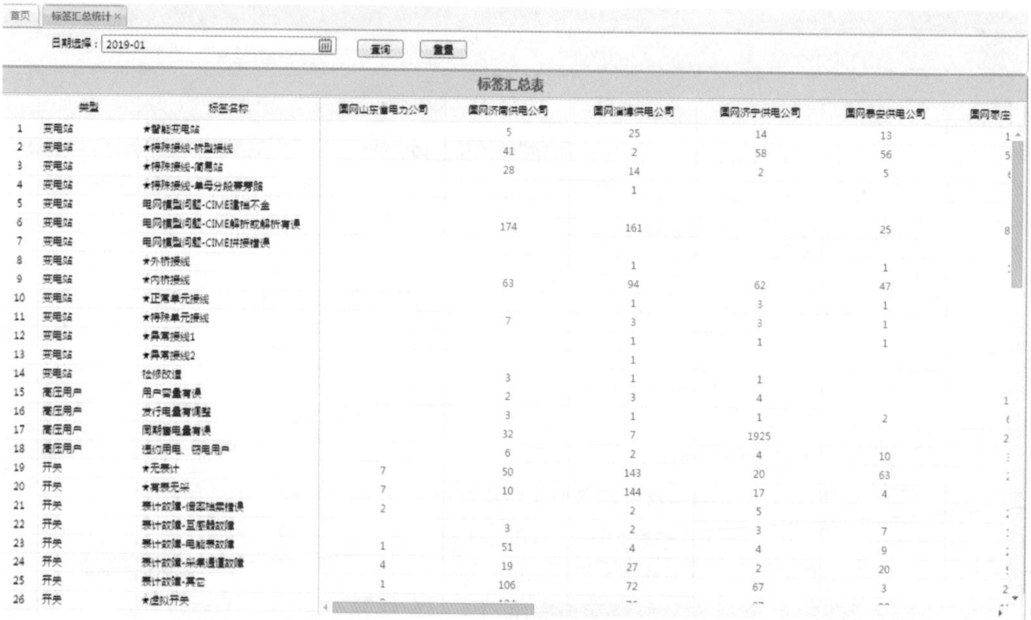

图 13-54　省级标签汇总表

界面左边展示类型和标签名称，界面右边展示省级单位以及下级地市单位的标签汇总数量，选择单个标签可通过滑动左右滚动条查看所有地市的该标签信息，选择单个地市可通过滑动上下滚动条查看所有标签的信息。

2. 标签数量

点击"标签数量"可以查看标签明细。以标签"智能变电站"为例，进入【变电站档案管理】界面，可以查看具体明细，见图13-55。

286

图 13-55　标签数量

附 录 A 术 语 与 定 义

术语与定义见表 A-1。

表 A-1   术 语 与 定 义

序号	名词	相 关 解 释
1	线损	线损是电能从发电厂传输到用户过程中，在输电、变电、配电和营销各环节中所产生的电能损耗
2	线损率	线损率是在一定时期内电能损耗占供电量的比率，是衡量电网技术经济性的重要指标。它综合反映了电力系统规划设计、生产运行和经营管理的技术经济水平
3	技术线损	技术线损是指电能在传输过程，经由输变配电设施所产生的损耗
4	管理线损	管理线损是电能在经营过程中发生的不明损失
5	线损四分管理	线损四分管理是指对所辖电网线损采取包括分压、分区、分元件和分台区等四个模式在内的综合管理方式
6	同期线损	售电量受现行抄表制度的影响，导致与供电量的统计时间不同期，造成了线损波动大以及负线损的问题。同期线损计算使用的供电量与售电量的统计周期相同
7	统计线损	采用传统线损计算方法，供电量统计时间为月末 24 时，售电量统计时间为月末营销发行电量计算出来的线损率
8	理论线损	电网经营企业根据设备参数和电网运行实测数据，对其所管辖输配电网络进行理论损耗的计算
9	关口计量点	关口计量点是电网企业与发电企业、用电客户之间以及电网企业之间进行电量交换和用于电网企业内部经济考核的电能计量点
10	台区	在电力系统中，台区是指配电变压器的供电范围或区域
11	变电站站用电	变电站站用电是指变电站内部各用电设备所消耗的电能
12	母线电能不平衡率	变电站母线输入与输出电量之差称为不平衡电量，不平衡电量与输入电量比率为母线电能不平衡率。母线电能不平衡率＝（输入电量－输出电量)/输入电量×100%
13	三相不平衡	是指在电力系统中三相电流（或电压）幅值不一致，且幅值差超过规定范围

参 考 文 献

[1] 张昳，马佳. 智能电网技术中配网线损精细化精确比对的应用探究 [J]. 科技风，2018（1）：191.

[2] 钟庭剑，袁葛桦，周明华. 基于有效降低台区线损的精益化管理措施的研究 [J]. 江西电力职业技术学院学报，2017，30（3）：11 – 12.

[3] 张军. 研究配电台区在线线损分级管理和智能异常 [J]. 科技尚品，2017（9）：95.

[4] 叶希. 供电所低压线损管理服务质量改进方案研究 [J]. 科技与创新，2017（06）：51，55.

[5] 施红健. 降线损　促管理　提服务——国网江苏启东市供电企业台区线损管理工作纪实 [J]. 农村电工，2016，24（09）：44.

[6] 李国强. 北京市海淀供电企业线损分析及管理措施研究 [D]. 北京：华北电力大学，2011.

[7] 毕林贵. 提高电力线损管理工作效率的有效途径 [J]. 中外企业家. 2016（33）.

[8] 何蔚. 电力企业线损管理问题分析及应对措施 [J]. 信息化建设. 2015（06）.

[9] 田俊锋. 电力系统线损管理中存在的问题及其优化措施分析 [J]. 科技经济市场. 2015（02）.

[10] 谢邦鸿，李峻. 对 10kV 配电网的线损管理及降损措施的分析 [J]. 科技展望. 2014（21）.

[11] 林海鹏. 10kV 配电网线损分析及降损措施 [J]. 中国高新技术企业. 2014（10）.

[12] 王而慷，钟诚. 10kV 配电网在节能降损中的技术措施 [J]. 科技创新导报. 2014（04）.

[13] 毕林贵. 提高电力线损管理工作效率的有效途径 [J]. 中外企业家. 2016（33）.

[14] 何蔚. 电力企业线损管理问题分析及应对措施 [J]. 信息化建设，2015（06）.

[15] 刘忠新. 提高电力线损管理工作效率的探索 [J]. 民营科技，2014（4）.

[16] 李丽. 线损管理中存在不足及优化对策 [J]. 低碳世界，2015（32）.

[17] 周旭. 精益化管理在台区线损管理中的应用 [J]. 大科技，2016（12）.

[18] 夏桃勇. 基于支持向量机的低压台区线损管理诊断模型 [J]. 电子科技，2017，30（11）：113 – 116.

[19] 涂旺，梅军. 适用于低压台区的线损计算与评估方法研究 [J]. 电工电气，2017（03）：16 – 19.

[20] 陈玮. 计量自动化技术在配网线损管理的运用分析 [J]. 企业技术开发，2017，36（12）：118 – 119，122.

[21] 赵亚洁. 电能计量自动化技术在供电企业中的应用 [J]. 南方农机，2017，48（08）：75 – 76.

[22] 郭忠. 浅谈计量自动化技术在配网线损管理中的运用 [J]. 技术与市场，2017，24（01）：107 – 108.

[23] 吴玲艳. 计量自动化技术在电力系统中的应用探讨 [J]. 信息系统工程，2016（09）：121 – 122.

[24] 李志刚. 电能计量自动化技术在供电企业中的应用 [J]. 企业技术开发，2016，35（18）：100，106.

[25] 李智亮. 电能计量自动化技术在电力营销中的应用 [J]. 广东科技，2014，23（18）：55 – 56.

[26] 刘昱. 基于无线通信技术的配电综合监测系统 [J]. 电力设备，2008，9（11）：61 – 66.

[27] 张国庆. 配电网线损计算 [D]. 南京：南京理工大学，2010.